时光音乐会

SYMPHONY
OF
TIME

SELECTIONS
FROM
THE COLLECTION OF
SHANGHAI
DALAI TIME MUSEUM

上海大来
时间博物馆珍藏

上海交通大学博物馆 编

张安胜 主编

上海书画出版社

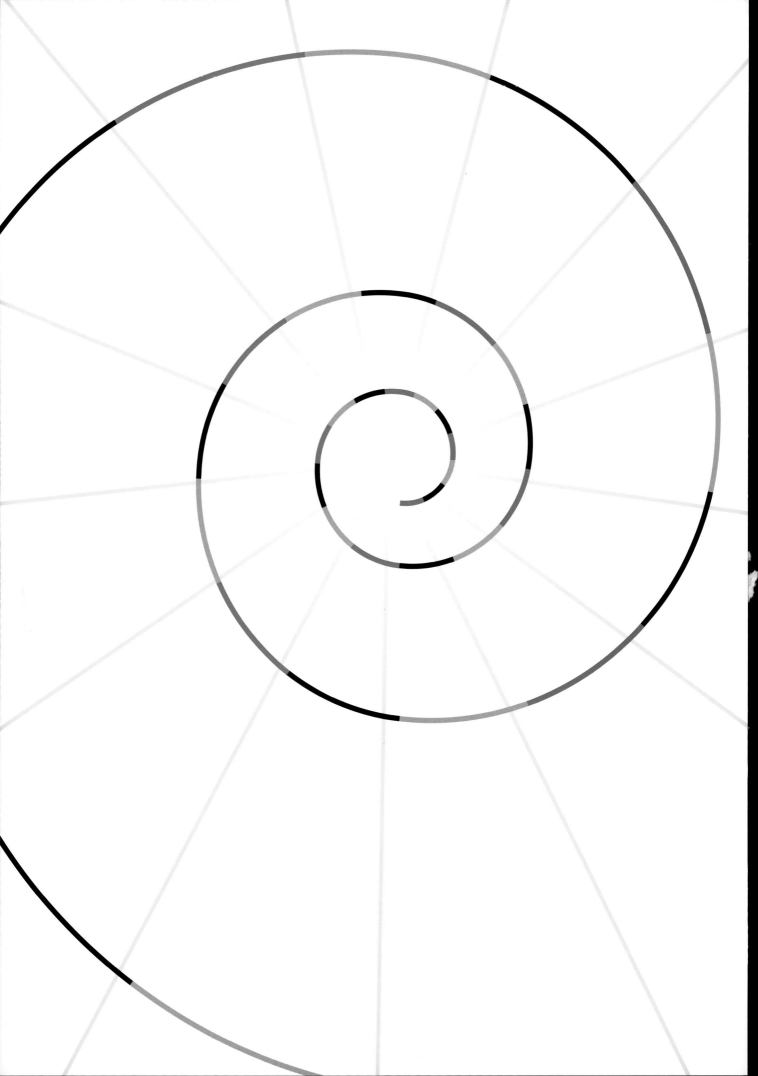

目 录
Contents

致辞

19 世纪法国文学家福楼拜曾说："越往前走，艺术越要科学化，同时科学也要艺术化。科学与艺术就像不同方向攀登同一座山峰的两个人，在山麓下分手，必将在山顶重逢，共同奔向人类向往的最崇高理想境界——真与美。"

回望我校跨越三个世纪的历史，始终秉持科学素养和艺术情怀相结合的育人理念，涌现出一批"原天地之美而达万物之理"的杰出校友。"人民科学家"钱学森曾多次强调艺术与科学相互作用的规律："正因为我受到这些艺术方面的熏陶，所以我才能够避免死心眼，避免机械唯物论，想问题能够更宽一点、活一点。""艺术的修养，对我后来科学工作很重要，它开拓了科学的创新思维，我们当时搞火箭的一些想法，就是在和艺术家们交流中产生的。"著名物理学家李政道先生亦深刻认识到"艺术和科学事实上是一个硬币的两面"，并于 2013 年捐资设立"上海交通大学李政道科学与艺术讲座基金"，以进一步推动科学与艺术的融合创新，培养科艺融会的创新型人才。

上海交通大学博物馆自成立以来，始终以"以文化人、以美育人"为己任，为公众提供多样化的教育、探索、思考和知识共享的体验。此次学校博物馆与上海大来时间博物馆联合策划"科学与艺术"系列展览的开篇之作——"时光音乐会"，开启一场关于时间与音乐的深度对话与思辨：什么是时间？人类如何感知、认识与测量时间？时间如何改变着我们的世界？时间与音乐之间有着怎样的关系？每个人将如何讲述自己的时间故事？

时间的多样性与复杂性，让它成为我们最熟悉也最陌生的伙伴、最亲密也最残酷的对手。在交大徐汇校园中，矗立着一座赤道式日晷仪（其前身为建于 1925 年的地平式日晷），见证了数十年的日升月落、岁月沧桑，激励着一代代交大师生"与日俱进"、不负光阴。期待每一位来到交大和"时光音乐会"的观众，可以从日影的流转、时钟的滴答与跃动的音符中汲取与时间相处的智慧与勇气，体验科学与艺术的"重逢"，在奔腾的时代浪潮中积蓄影响和改变世界的力量。

张安胜

上海交通大学党委常委、副校长

2024 年 8 月

The French writer Gustave Flaubert once said: "The farther, the art becomes more scientific, and science more artistic: having parted at the base, they will meet someday at the top and together move on towards the most cherished ideal of humanity – truth and beauty."

Since its founding in 1896, Shanghai Jiao Tong University has remained steadfast in its philosophy of education that stresses a combination of scientific literacy and artistic nourishment. We are proud to have a legion of eminent alumni devoted to "tracing out the admirable operations of Heaven and Earth, and reaching to and understanding the distinctive constitutions of all things". "The People's Scientist" Qian Xuesen emphasized, on various occasions, the interplay of art and science, saying: "It was precisely because of my exposure to these artistic influences, that I was able to avoid rigid thinking and mechanical materialism and to approach problems with greater breadth and flexibility"; "My artistic literacy proved crucial to my later scientific work. It broadened my creative thinking in science, and some of our ideas for rocketry simply came from exchanges with artists." The renowned physicist Mr. Tsung-Dao Lee also deeply recognized that "art and science are in essence two sides of the same coin" in 2013, he funded the T.D. Lee Science and Art Lecture Fund, Shanghai Jiao Tong University (SJTU) to further promote the fusion and innovation of science and art and develop innovative talents in this regard.

The Museum of SJTU has, since its establishment, always taken "cultivating individuals through culture and aesthetics" as its mission, providing the public with a diverse experience of education, exploration, thinking, and knowledge sharing. This exhibition, "Symphony of Time" the first of the "Science and Art" series jointly curated by the Museum of SJTU and the Shanghai Dalai Time Museum, will open a session of profound dialogue and contemplation on time and music: What is time? How do humans perceive, understand, and measure time? How does time shape our world? What is the relationship between time and music? And how will each individual tells his/her own story about time?

The multifaceted and intricate nature of time makes it our most familiar yet most enigmatic partner, our closest yet most formidable rival. On our Xuhui Campus, there stands an equatorial sundial rebuilt after the horizortal one erected in 1925, which has seen the sun rising and the moon setting and the drastic changes over decades, inspiring our faculty members and students to keep up with the "sun" and make the most of each passing moment. I hope that every visitor to SJTU and "Symphony of Time" can get wisdom and courage to deal with time from the shifting shadow of the sundial, the ticking of clocks, and the vibrancy of musical notes. May you experience a "reunion" between science and art, and gather your strength to make a difference in the world amid the ever-surging tides of our era.

Zhang Ansheng

Vice President of Shanghai Jiao Tong University
and Member of the Standing Committee of the SJTU Party Committee

August 2024

致辞

　　时间，不可触摸，却又无处不在。作为科学、哲学和艺术领域的永恒话题，关于时间的思考自古不息。从古希腊的循环时间观、牛顿的"绝对时间"，到爱因斯坦的相对论，时间观念不断演变，其本身也愈来愈深刻地影响着我们的世界。或许每个人都曾在某个时刻思考过时间的本质：它到底是什么？它是真实的存在抑或只是我们的幻象？人类是否能在某种意义上征服时间？

　　我对于"时间"的关注，最初源自邻居家的那座20世纪初英国镀金六柱扭摆钟。它仿佛永不停歇，在均匀地摆动中诉说着关于时间与机械的奥秘。这颗儿时播下的种子，一直伴随着我学习与工作的生涯，但直到退休之后才得以全身心投入到古旧钟的收藏与科普事业中。2016年以来，大来时间博物馆的馆藏从我最初捐赠的四百余件发展到如今的两千四百余件，门类亦从原来的中外机械钟，拓展到机械乐器、留声机等。我们通过展览与各类科普活动传播和弘扬时间科学与文化，培养科学思维与工匠精神。我很荣幸这颗小小的"时间种子"，此次能够来到上海交通大学博物馆，可以在更广阔的平台、更多的观众心里生根发芽。

　　此次展览遴选了来自世界各地的机械时钟、机械音乐装置以及古生物化石、模型等103件/组，通过"感知时间""追求精确""无时不在""听见时间"等维度交汇共鸣，带来一场跨越时空的"时光音乐会"。在这里，每一座钟、每一台机械乐器不只是工业时代的"奇淫巧技"，更像是一个个有生命的有机体，交融着科学与艺术之美，凝聚着人类智慧与创造之力，承载着一段段不朽的岁月与记忆。

　　在此，谨向为本次展览付出辛勤努力的同仁、多年来支持和关心大来时间博物馆的安亭镇党委、政府和社会各界友人致以谢忱。期待未来，我们各方能够继续携手合作，为科学与艺术的学术研究、科普传播与创新创意贡献更多的力量。

李大来

上海大来时间博物馆创始人

2024 年 8 月

FOREWORD

Time is untouchable but omnipresent. Human contemplation on time, as an eternal subject in the fields of science, philosophy, and art, never ceases. From the cyclic view of time in ancient Greece, Newton's notion of "absolute time," to Einstein's theory of relativity, the concept of time has evolved unceasingly while influencing our world more and more profoundly. Perhaps everyone has, at one point or another, contemplated the essence of time: What exactly is time? Is it something that really exists, or simply our illusion? And could humanity, in a sense, conquer time?

My interest in "time" came from my neighbor's gilded six-pillar torsion pendulum clock from early 20th-century England, which seemed to tell the mysteries of time and mechanics in its perpetual uniform torsions. This seed planted in childhood accompanied me throughout my whole years of study and work, and only after my retirement was I able to devote myself to the collection, and the dissemination of knowledge, of antique clocks. Since its inception in 2016, Shanghai Dalai Time Museum has seen its collection expand from 400 plus pieces, which I donated at the beginning, to more than 2,400 pieces today, with the categories increasing from the original Chinese and foreign mechanical clocks to mechanical musical instruments, phonographs and so on. Through exhibitions and various popular science activities, we are committed to disseminating and promoting time science and culture and fostering scientific thinking and craftsmanship. I am honored to take this tiny "seed of time" to the Museum of SJTU, where I believe it can take root and sprout on a much broader platform and in the hearts of more people.

This exhibition, featuring 103 pieces/sets of select mechanical clocks, mechanical musical instruments, fossils, models, etc., offers a time-traveling "Symphony of Time" through the resonating themes of "The Perception of Time" "The Pursuit of Precision" "Time for All" and "The Sound of Time". Here, every clock or every mechanical musical instrument is not just a marvel of the Industrial Age; they are more like living entities, each being a fusion of science and art, a crystallization of human wisdom and creativity, and an embodiment of history and memory.

I would like to express thanks to my colleagues who have worked hard for this exhibition, to the Anting Town Party Committee and People's Government for their support and care for Shanghai Dalai Time Museum over the years, and to friends from all walks of life. Going forward, I hope that there will be continued collaboration with all sides to contribute more to the academic research, knowledge dissemination, and innovation in terms of science and art.

Li Dalai
Founder of Shanghai Dalai Time Museum
August 2024

丈量时间——计时工具发展简史

厉樱姿

在我们所处的物质世界中，一切似乎都以一种周期性的节奏重复着：斗转星移、昼夜交替、月盈月亏、潮涨潮落、候鸟迁徙……当人类通过不断地观察认识到这些现象的时候，关于"时间"最初的概念便萌生在意识之中。从柏拉图的"永恒之动"到"虚时间"概念的提出，从粗放的"日出而作，日落而息"到精确到千分之一秒的奥运赛场，从日影计时到原子光钟的应用，对于"时间"的思考、探究与测量，激发了科学之火花，重构了人与时间的关系，并广泛而深刻地影响着人类文明的进程。尽管在面对时间的本质问题时，我们或许仍如一千六百多年前的奥古斯丁那般茫无头绪[1]，但无可否认的是，人类在"丈量时间"的征途上已实现了重大的飞跃。

观影知时 刻漏计时

太阳的东升西落给予人类最直观的时间概念。通过观察太阳的射影长短和方向来判断时间的"太阳钟"（如圭表、日晷等）几乎同时出现在各种不同的人类文明中，成为古代最普遍的测时装置之一。

日晷，又称"日规"，利用太阳的投影方向来测定并划分时刻，通常由晷针（表）和晷面（带刻度的表座）组成。目前考古发现最早的日晷是2013年在埃及东部埋葬古埃及新王国时期法老与贵族的帝王谷出土的，距今已有3300余年的历史（图1）。

由于太阳钟在阴天或夜间的使用局限，人们又将视线转向了利用人工制造的物理过程来进行计时。如通过均匀流动的水或沙测时的水钟（漏壶）、沙漏，利用物质均匀燃烧测时的火钟，蜡烛钟、油灯钟、香钟等均属此类。

据埃及朝官阿门内姆哈特的墓志铭记载，此人曾于公元前1500年前后发明了水钟，一种"漏壶"。容器内的水面随着水的流出而下降，据此测出过去了多少时间。包括印度和中国在内的世界其他地区也有使用水钟的早期证据。直至二千二百多年前，古希腊发明家克特西乌斯（Ctesibius）发明了一种与自动机械相结合的水钟（Clepsydra），装有齿轮装置和表盘指示器，能够精确地指示一天24小时[2]。据称，在其后的一千八百多年里，它都是最精准的时钟，直到被摆钟所取代。

在利用漏刻水力驱动的仪器中，北宋时期苏颂、韩公廉等人发明制造的水运仪象台，是集天文观测、天文演示和报时系统于一体的大型自动化天文仪器（图2）。其以水为动力，通过水车使水上下循环，利用水漏壶的恒定流量，推动控制机械做间歇运动，再通过齿轮、立轴带动钟楼、浑仪、浑象运转。

弦轮密运 针表相交

机械钟是通过机械运动来实现某些标志物随时间流逝而产生位置或角度的变化，从而指示时刻的装置[3]。西方最早的机械钟大约在13世纪率先出现于欧洲的修道院，这类机械钟以重锤的重力作为动力来驱动齿轮运行，但仍需看钟人定时敲钟报时，以提醒人们祷告的时间。

1370年，德国符腾堡的亨利·德·维克为法国国王查理五世制造了一只大钟，安装在巴黎的皇家宫殿。这座大钟的机芯是铁制的，由一个500磅的重锤驱动，控制机构采用冕状轮和机轴擒纵机构，钟面仅有一根时针。在这以后到1500年左右，欧洲一些国家的主要城市都相继安装了这类塔钟（图3）。

15世纪初，以弹簧的弹性形变作为动力的发条替代了重锤，使机械钟小型化成为可能，也让机械钟得以通过宗教、贸易等渠道更为广泛地传播。

最早传入我国的欧洲机械钟出现在明朝末年。根据万历二十八年（1600）天主教耶稣会传教士利玛窦上明神宗皇帝表云："……谨以……珍珠镶嵌十字架一座，报时钟二架……奉献于御前。物虽不腆，然从极西贡来，差足异耳。"入清之后，宫廷对西洋钟表的喜爱尤甚。康熙注重西洋钟表的科技性，在养心殿造办处自鸣钟处下设制钟作坊，让西洋传教士技师仿制、维修欧洲机械钟表[4]。

总体而言，早期的机械钟较易产生故障，精度也较为有限，甚至还常需要用日晷和水钟来进行校正。它们更像是城市的荣耀与君主权力的象征，对于公众的实用价值有限。直到伽利略和惠更斯的推动，使"时间的丈量"在机械技术上迎来了新的时代。

1581年，伽利略在观察教堂吊灯摆动时发现了摆的等时性现象，即任何给定长度的钟摆的摆动周期是不变的。克里斯蒂安·惠更斯进一步确证了单摆振动的等时性并把它用于计时器上，于1657年制成了世界上第一架计时摆钟（图4），精确度达到每周大约只有一分钟的误差，时钟的计时精度得到了大幅提升。1675年，惠更斯又率先在钟表上采用了摆轮游丝，成功解决了钟表小型化的关键问题。

随着科学与生产技术的进一步提升，围绕计时器擒纵和调速系统的创新与迭代层出不穷。从单摆到水银补偿摆、双金属栅架摆、双摆、扭摆，从杠杆擒纵到锚式、直进式、蚂蚱、工字轮、叉式、复式擒纵，钟表匠们不断追

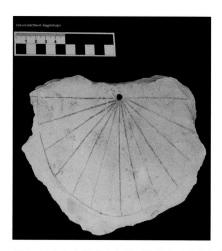

图1　巴塞尔大学考古人员于埃及帝王谷发掘的日晷

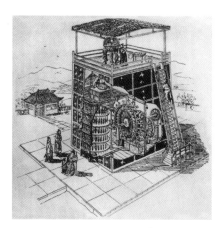

图2　John Christiansen所绘水运仪象台复原图

图3　始建于15世纪的布拉格天文钟（于20世纪修缮）

10

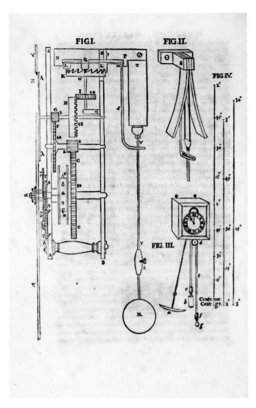

图4　惠更斯摆钟设计手稿，亨廷顿图书馆藏

图5　约翰·哈里森制作的H4航海钟（1759），格林尼治皇家博物馆藏

求精确的匠心最终推动我们的世界发生了深刻的变化。其中最具代表性的便是约翰·哈里森（John Harrison）与航海钟的故事。

17世纪前后，由于远洋航海事业的发达，促使人们开始寻求一种高精度的计时仪器，以便计算船只在海洋中的东西方位——经度。在当时，纬度可以通过象限仪或四分仪很容易测得，但经度测量由于地球的自转运动，无法通过观察天体来推测，一度成为当时最棘手的科学难题之一。1714年，英国国会通过《经度法案》（Longtitude Act）来寻求解决海上经度的测量方法。英国钟表匠约翰·哈里森由此开始了数十年如一日的研制之旅，先后制作了H1、H2、H3、H4四代航海钟（图5），体积日趋小型化，精度也提升到每天误差不到0.1秒。由此，也带来了大航海时代的革命性巨变。

18世纪中期至19世纪，工业革命在欧洲迅速兴起，机械制造技术与生产效率齐头猛进，钟表行业也迎来了发展的黄金时代。正如技术史家刘易斯·芒福德所说："工业时代的关键机器与其说是蒸汽机，不如说是时钟……钟表是现代技术最前沿的机械；并且在每个阶段都保持着领先；它是其他机器渴望达到的完美标志。可以说，钟表为其他机械提供了模型……钟表业的间接影响也同样重要，作为第一个真正的精密仪器，它在精度和光洁度方面是其他仪器的榜样，无论是机械学影响还是社会影响，钟表都是第一。"

追求精确 探索无止

20世纪，随着电子工业的迅速发展，电磁摆钟、交流电钟、石英电子钟表等相继问世，音叉振荡器和石英谐振器成为新一代计时器的时基，传统的机械式时钟逐渐淡出人们日常使用的场景。

石英晶体谐振器在计时器中的应用最早可追溯到1927年由贝尔电话公司工程师沃伦·马里森（Warren Morrison）研制的石英钟（图6）。其原理是利用石英晶体的"压电效应"，即受电池电力影响时所产生的规律的振动（高达32768次/秒），通过电路计算其振动次数，每数到32768次时便传递电信号，让秒针往前走一秒。1967年，全球第一块石英表在瑞士诞生；两年后，日本精工推出世界上第一只可供量产的石英腕表，命名为"Quartz Astron"。它比传统机械表更轻薄、精准，同时避免了使用机械表时需要上发条的繁琐，从而受到普及。

20世纪中叶，原子钟的应用使时间计量精度又产生一个飞跃（图7）。原子钟是利用原子吸收或释放能量时发出的电磁波来计时的。常用的原子钟有氢钟、铯钟、铷钟等，被广泛应用于引力波和暗物质探寻、基本物理常数测量、信息网络、卫星导航定位等领域。目前全世界最准原子钟——锶原子光晶格钟的时间测量精度已达10^{-19}，即396亿年内误差不到一秒。

从计时工具出现的那一天起，人们就在努力让它们"走准"——尽可能精确地反映时间。它们是人类"丈量时间"的工具，也是人类文明的一个缩影。它们日益渗透到我们日常生活和工作之中，推动了社会、哲学、科学与艺术等各个领域对"时间问题"的持续追索与创新。可以说，一部计时工具的演进史，就是人类与时间不断对话、博弈与相处的故事。

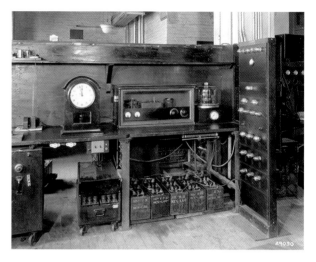
图6　沃伦·马里森与J.W.霍顿研制的世界第一台石英钟，AT&T档案与历史中心藏

[1] 奥古斯丁在《忏悔录》中写道："时间究竟是什么？假使人家不问我，我像很明了；假使要我解释起来，我就茫无头绪。"
[2] 玛乌戈热塔·梅切尔斯卡，压力山德拉·米热林斯卡，丹尼尔·米热林斯基.古老的水钟[J].新世纪智能，2022，(18):36—37.
[3] 窦忠，刘永鑫.时间科学馆[M].科学出版社，2021:74.
[4] 江滢河.明清时期西洋钟表的传播[N].光明日报，2019-7-15(14).

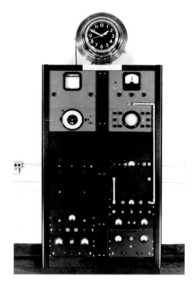
图7　1949年1月6日，由美国国家标准局（美国国家标准与技术研究所前身）研制的首座原子钟问世。

A Brief History of the Measurement of Time

LI Yingzi

Abstract: Timekeeping tools, invented by human beings for time measurement, encapsulates the development of human civilizations. This paper, focusing on the main development stages of timekeeping devices based on key inventions and events, sorts out their thousand-year evolution from sundial to hourglass, and from mechanical clocks to electric and atomic clocks, in a bid to trace human beings' tireless exploration and innovation to measure time and how time exerts influence on the human society in a profound way.

方寸间的交响——机械音乐发展简史

王　燕　蔡诗媛

机械音乐是一种通过机械手段创作声音的设备，具有独特的吸引力，它结合了工程、艺术和音乐。运用机械来造声的历史可以追溯到很久以前印度尼西亚的稻田灌溉系统。稻田灌溉渠道中的水流推动着竹管，它们有节奏地撞击石头并发出重复的声音。这时期的机械造声通常具有一些实际用途，例如用来传递信号或祭祀神明。

有关机械音乐最早的描述出现在公元前三世纪希腊文献中。古希腊亚力士山大城（Alexandria）的工程师克特西比乌斯（Ctesibius）发明的一架"水压式管风琴"（Hydraulic Organ），这是历史上记载的最早出现的管风琴。水压式管风琴声音宏亮、具有威慑性，常被希腊的贵族们用于竞技活动中为角斗士助威。人们通常认为它的声音响亮嘈杂，但也有与其相反的表述——西塞罗（Marcus Tullius Cicero，前106年1月3日—前43年12月7日，罗马共和国晚期的哲学家、政治家、律师、作家、演讲家）称"它的声音对耳朵来说就像最美味的鱼对味蕾一样令人愉悦"。阿提纳乌斯（Athenaeus，生平不详，活跃于1至2世纪的罗马帝国时代作家）在《智者之宴（Deipnosophistae）》中的描述特别有趣:

当人们还在谈论这种性质的事情时，从邻居家传来水力管风琴的声音。它非常甜美，令人愉悦，我们都被它的美妙所吸引，把注意力都集中在它上面。乌尔皮安看了一眼音乐家阿尔塞德斯，说:"大师，你听到了那美妙的和

声了吗？我们完全被它的音乐迷住了。它不像你们亚历山大人常见的"单管（Single-Pipe）"（注：据传是古希腊管乐器"阿夫洛斯管"的其中一种种类，称"monaulos"），给人带来痛苦。

显然，这里描述的乐器声音柔和悦耳，而且体型很可能很小，适合家庭使用。

水压式管风琴由水力风箱、音管与操纵杆组成。水力风箱产生气体，并把产生的气体存放在储气箱中。一排音管按大小依次放置在储气箱的开孔上，演奏者通过操纵杆控制活塞来演奏，活塞开启后气体就能够进入管中振动空气柱从而产生声音。但水压式管风琴的气压受水量变化的影响较大，不易控制，因此人们一直在努力对其进行改进。直到公元4世纪左右，水力管风琴的液压机制被风箱（Bellows）取代，"气动管风琴（Pneumatic Organ）"（图1）问世了。

812 — 833 年间，在巴格达阿拉伯科学的主要组织者们撰写的文献中，详细描述了一种利用水压来使其自动吹奏的长笛。其表面被添加了一个旋转圆筒，圆筒上有突出的栓钉，机械控制圆筒旋转，栓钉则会对应笛孔位置，通过圆筒旋转来控制笛孔的开合，以此模拟人吹奏长笛时的动态。因此，在旋转圆筒上可以提前刻录好想要吹奏的音乐，以达到自动演奏的效果。

到了14 世纪初，在欧洲兴起的塔钟建造热潮中，旋

转圆筒首次被应用在了教堂的机械钟上，其中圆筒上的拨钉可直接连动钟锤发声，也可连动由钟锤组成的键盘击打排钟而发声。不过音乐都较为简单，作为报时音乐来使用。

1618年，欧洲的三十年战争使得机械音乐的发展停滞不前。直到18世纪初，机械音乐制造业才迎来新的发展高峰，音乐钟便是其中的代表。最早的音乐钟是由钟表匠和机械师制造的，内部有一个旋转的滚筒或圆盘，上面有金属销或凸起，这些销或凸起在旋转时会触发金属梳的音齿，发出预设的旋律。音乐钟通常在整点或特定时间间隔播放音乐，被认为是音乐自鸣钟的精致版本，但并不完全等同，其除了被用在自动报时外，也可以手动选择要播放的曲子，就像手摇管风琴和八音盒一样。在此期间，由精致的管风琴和长笛来报时的音乐钟（图2、图3）在伦敦、维也纳和柏林等地曾风靡一时，这股热潮吸引了亨德尔、巴赫、莫扎特和贝多芬等人为其创作音乐作品。

手摇风琴作为另一种重要的机械音乐，也在欧洲广泛传播。手摇风琴起源于17世纪的欧洲，特别是在意大利和德国。它是一种便携式机械乐器，常用于街头表演和宗教仪式。手摇风琴的核心是一个可旋转的滚筒，上面装有一系列金属销或凸起。当手柄被手动旋转时，滚筒会旋转，这些凸起会触发风箱中的风管，空气通过风管发出不同音调的声音。音乐家可以通过更换滚筒来演奏不同的乐曲。手摇风琴在18世纪和19世纪的欧洲非常流行，尤其在街头音乐和民间娱乐中扮演了重要角色（图4）。

八音盒的历史可以追溯到18世纪末的瑞士，通过齿轮和金属片的撞击发出乐声。最早的音乐盒小到可以装在怀表中，但后来逐渐被做得更大，并装在矩形木盒中。1796年，瑞士钟表匠安托·法布尔·萨洛蒙（Antoine Favre Salomon）发明了一款内嵌音乐装置的怀表。后来被公认为第一个"梳状"音乐盒。这一时期结束前，除了教堂里的大型钟琴和偶尔出现的手摇风琴外，机械音乐通常都归属于昂贵的新奇物品，常常作为统治者之间交换的外交礼节或是贵族交往的惊喜礼品。

18世纪末至19世纪初的工业革命，为机械音乐的发展带来了新的机遇。制造商天马行空的创造力使得机械音

图1　现存最早的气动管风琴形象出现在君士坦丁堡的方尖碑上（图源：Apel, Willi. *Early History of the Organ*），由皇帝狄奥多西（Theodosius，卒于公元395年）竖立。

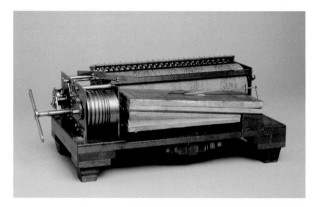

图2　笛钟的自动音乐装置（1796），维也纳艺术史博物馆藏

图3　Markwick Markham管风琴钟（1770），图源：Wikipedia-Musical clock

图4 筒式手摇风琴

膜使连接的刷毛在涂有油烟的手摇圆柱体上刻上划痕，这时的留声机只产生了声音的视觉图像，没有播放其录音的能力。直到1877年，托马斯·爱迪生发明了锡箔留声机，这是第一台可以记录和复制声音的机器，引起了全球轰动，也为爱迪生带来了国际声誉。

自动钢琴作为机械音乐发展的一个重要里程碑，结合了传统钢琴和自动演奏装置，可以在没有人演奏的情况下自动弹奏音乐。自动钢琴起源于19世纪末的美国和欧洲，最早使用穿孔纸卷记录音乐。当纸卷通过自动演奏装置时，穿孔触发钢琴的键盘和踏板，演奏出预设的乐曲。早期的自动钢琴依赖机械装置驱动，后来发展为电动和电子控制，提高了演奏的准确性和多样性。自动钢琴在20世纪初非常流行，尤其在家庭娱乐和公共场所中。

从水动力风琴到自动钢琴，机械音乐的发展历程不仅反映了机械技术的进步，也展示了音乐艺术的创新。每一种乐器都有其独特的历史和技术原理，既是当时工艺技术的代表，也是人类对音乐和艺术追求的体现。

乐的花样越来越丰富，制作也越来越精美。到了"黄金世纪"末期，在咖啡馆和游乐园等时兴的公共场所，音乐自鸣钟、自动风琴和大型管风琴等机械音乐开始播放流行音乐。据1834年的《便士杂志》统计，在当时大多数城镇的人们所听到的音乐中，七分之四来自街头音乐家弹奏的机械音乐。

在机械音乐传播技术上，留声机的发明标志着一次巨大的飞跃。1857年法国人莱昂·斯科特发明了第一台留声机的原型机，他使用了一个带振膜的喇叭，声音振动振

[1] Apel, Willi. "Early History of the Organ." *Speculum*, vol. 23, no. 2, 1948, pp. 191–216. JSTOR, https://doi.org/10.2307/2852952.
[2] 斯坦利·萨迪、约翰·泰瑞尔《新格罗夫音乐与音乐家辞典》(*The New Grove dictionary of music and musicians*) 中 "Mechanical instrument" "Musical box" "Hydraylis" "Water organ" "Musical clock" 等词条。

Symphony within Limited Space: A Brief History of Mechanical Music

WANG Yan, CAI Shiyuan

Abstract: Inaugurated ancient Greece, mechanical music has gone through a very long and splendid journey in time. This paper is a brief introduction to the history of mechanical music, the main components and working mechanisms of mechanical music instruments, and some typical instruments and devices such as hydraulic organ, musical clock, music box, phonograph, and pianola.

交织与跨越——时光音乐会展览设计解读

邬超慧

引 言

高校博物馆是构建校园人文精神的文化基石，相较于传统的社会博物馆，其研究内容和展览与学校的育人使命紧密相关，职责直抵高校乃至高等教育的意志，更能诠释高等教育发展的时代特质。在学习型社会，高校博物馆可以尝试以深入浅出的陈列语言，探讨更具"学术意味"的话题，甚至是学科前沿的、正待探索的议题。问题比答案更能启发受众学习的兴趣，循着问题在陈列展览中寻找治学的方法和方向，帮观众打开科学与人文的视野和格局，引导公众培养高阶志趣[1]。

博物馆常常更多地被视为一种保存过去的场所，展览叙事给予人们回顾和欣赏历史文明的渠道，在经历博物馆展览热的蓬勃发展后，展陈也因千展一面而被诟病。与此同时，当下的展览发展呈现出一种共享的、交流的策略，从展品、文本到视觉呈现上，趋于为观者构建更多的互动参与和思考。展览叙事的未来，在于让更多不同的人讲述自己的故事，更在于超越叙事形成对话。[2]我们也更多地看到多样性、个体化的参与为展览带来了新的视角和反思的机会。这就要求高校博物馆不仅要直面当下展览的发展议题，还应在高校这一具体场域和语境下，探索实现更具学术意味、前瞻性和实验性展览的人文意义。

"时光音乐会"展览遴选大来时间博物馆103件/组机械钟、八音盒和留声机等馆藏精品，从科学、历史、艺术

到个人经验等不同维度，解读人类在丈量时间、认识音乐道路上的不懈追索与重要意义。无论是叙事策略还是设计与呈现方式，都是对当下高校博物馆如何构建展览的人文意义这一思考的回应。

交织的信息和文化意义

人文教育可以让你从生活中获取更多，并可在寻常日子里对其静心品味。换言之，为人之生存需造就有用之物，而从其技艺之中，则可有索取愉悦之感。[3]时间和音乐作为人类独有的创造，用以记录我们存在的轨迹与心声。从牛顿到爱因斯坦，从普朗克到宇宙时钟，我们如何丈量时间？从安托·法布尔到爱迪生，从声波震动到自动演奏，音乐的价值究竟是什么？

展览借由机械钟和机械音乐"物"的陈列，直观地呈现出"物"本身所承载的科学与技艺。当然不仅限于此，我们是否能在一个充满理性要素的展场中体会到更多感性的情绪？或者说获得一次层次更丰富、影响更深远的观展经验？而这种经验充满启发性，在之后更多的具体现实中成为一种能够帮助我们去观察世界、体会生活的能量。

在第一篇章"感知时间"板块，我们将"菊石化石"作为感知时间印记的符号性展品放置在展厅开篇位置，并结合文本和视频资料阐述了四种不同语境下的时间概念：自然里的时间、神话里的时间、音乐里的时间、时间的

阶梯。第二篇章"追求精确"板块以42件展品展示了从早期较为简单的计时工具如"日晷""海事沙漏"到"富里奥型挂钟""格拉苏蒂航海钟"等机械钟，这是一段科学原理不断被发现、工艺技术不断被精进的过程。第三篇章"无时不在"板块，通过7组还原历史元素的小景展现了自19世纪到近现代时钟在人们生活中扮演的不可或缺的角色。观者除了直观地欣赏到机械钟外观的变化，诸如洛可可、装饰艺术、现代主义等不同设计风格，还可以了解到在工业革命的推动下，应用场景的变化能够更深刻地反映与当下时代人们生活更相关的议题——时间如何被划分。正如格奥尔格·齐美尔的著作《大都会与精神生活》所描述，时间的流动被转换成钟面的各个部分，钟表时间自工业革命以来就在调控着工厂、火车站、学校等地方，社会的加速影响了人们对时间的概念和感知，这是现代都市生活的心理特征。我们不仅感觉时间加快了，复杂的城市组织和社会生活也要求时间全面地同步与精确计算。

我们还用一则颇具哲思的诗歌开启每个叙事板块，如第一篇章来自奥古斯丁的《忏悔录》："时间究竟是什么？假使人家不问我，我像很明了；假使要我解释起来，我就茫无头绪。"

由此，展览的目的不是提供一个复原过去的场景，亦不是一个充满结论性的"答案之书"。我们将历史性的展品置于一种新的联系和空间秩序中，借由"物"承载的文明，以期望观者能从中拓展边界获得更多的人文意义。

有机延伸的"动态"场域

展览位于校园文博楼第二展厅，面积六百余平米，空间内有均匀分布的四个立柱，场地为同进出口的规整矩形空间。对于展的空间组织与形式设计，我们寻求一种与展览主题内容高度契合的表达。

如果展览的空间设计是"时间"主题的物质化形态，那么"时间"这一要素也可以被作为设计的抽象化形态而感知到，即观展过程中观者由信息传播的节奏体验而产生的时间感知。音乐家波尔斯认为：音乐可以加速、延缓、弯曲和渲染我们对时间流逝的感觉。其中蕴含着深刻的意

义：音乐把时间连接起来，让我们听到时间的模式和组织。时间不是静止的而是动态的，它呈现一种向前行进的状态。由此，我们将空间形态建构为一种有机生长的螺旋形，空间流线和叙事从头至尾沿曲形立面保持延伸递进，宛如一首演奏中的旋律。"感知时间""追求精确""无时不在""听见时间"四大叙事篇章依次铺展开来直至中心"声音剧场"，结合"我的时光奏鸣曲"空间板块，为展品和内容提供了一个完整的叙事系统（图1）。

如何讲好时间的故事也是策展团队在筹备过程中不断进行的自我提问，答案应角度不同而富有各样趣味，但其中有着共通之处——我们往往以"回想"的方式来作感受和描述。社会学家费孝通先生曾经说过："人的'当前'是整个靠记忆所保留下来的'过去'的积累。"如果记忆消失了，我们的时间就可以说被阻隔了。我们回忆的图像往往是呈碎片式的，试想我们谈论起某首乐曲，也是最先想起其中片段、小节的旋律；甚至我们对当下的捕捉也只能是建立于某一时刻点上。碎片式并不一定代表消弭，我们可以把过去的碎片与当下甚至与未来进行连接，思绪的跨越和感性联动使得时光的碎片变得五彩缤纷而灵动，也像跳动的音符，可谓声色交织。故此，展厅显然不应是封隔的格子空间也不应是单向空间，它需要实现这种灵动与连接。场域性空间更为关注其内部个体的关联、渗透、引导、交换等行为，通过建立局部间的秩序性、实现整个体系的稳定、和谐。[4] 因此，基于单元内容的组织和空间布局的规划，利用"门洞"结构将场域空间内部互通。门洞成为灵活地通往各叙事空间的连接之门，丰富了空间的动态层次（图2、3）。同时，选用柔和兼具通透感的织物作为空间建构的主体材料，织物如有生机般延伸不断并与门洞结构相连，我们希望以此呈现出虚实交错的视觉感受，空间的功能性和物质性都对展览主题进行了呼应（图4、5、6展厅效果图）。

展览的尾厅被设置为多元、包容的功能空间——我的时光奏鸣曲。时间这一主题本身就颇具个体叙事性，它需要并尊重每一个个体去联想和定义：我怎么体会时间？时间与音乐的关系有怎样的妙趣？时间和音乐扮演着怎样的角色？展览更像是一个物质与精神的讨论场，尾厅承载

的信息也因此变得具象起来，它以不同的叙事主体汇聚而成：交大的故事展区、科学家的故事展区、持续面向观众征集的个人物品展区以及留言区。在展览展出期间，该空间也将作为教育活动和工作坊使用。这一特殊空间板块以开放、容纳的姿态鼓励观者主动地融入进展览去发声和对话、呈现自己的时光故事，交汇成一场时光音乐会。

展览的完成并不在于开幕呈现之时，就如机械钟、留声机作为生活产品在人们各种各样的使用场景之中其意义才开始被实现。"我的时光奏鸣曲"这一空间正如一颗种子，在展览展出期间呈现有机的生长动态。

看见与听见

"时光音乐会"不只是从展品类别上将代表时光的"钟"与表现音乐的"声音器械"做简单的前后组合罗列，展览的五个叙事板块都以各自不同的角度去呈现了时间与音乐在律动、节奏与逻辑方面的关系。

这是一个非常规意义的博物馆"盒子式"展厅，我们希望探索更多具有潜在关联的艺术表达，通过联觉来实现不同维度信息的转化。诚如爱因斯坦经常表示，如果他不是科学家，就会成为音乐家。他的科学思想往往首先以形象和直觉的方式被创造出来，然后再转化为数学、逻辑和文字。音乐则帮助他在整个思维过程中，把图像转换成逻辑。又如瓦西里·康定斯基的油画《白色之上》：一系列的几何图形、互相交叠的诸多主题共同组成一幅庞大的图景，视线在画布上横冲直撞宛如一首不和谐、自由、半音阶的复杂音乐。基于此，展览力图在时间被"听见"、声音被"看见"的过程中，为观众提供更具拓展性的连接。新媒体动态视觉艺术为声音的可视化提供了具体的方式，它常常以其独特的图形设计和动态演绎来表现对象，无论是配合一首音乐的演奏，还是展现时间的节奏。

展览空间在观众的左侧视角保持展品和文本的主线叙事，右侧视角通过新媒体动态视觉艺术形成一面不间断的辅线叙事图景；同时将声音装置作为辅助媒介设置在展厅的各个信息节点，"听"与"看"交织出一个富有连通感和艺术张力的场域（图7）。

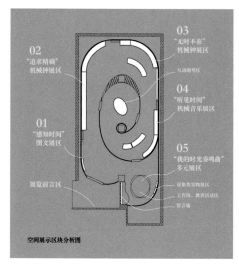

图1

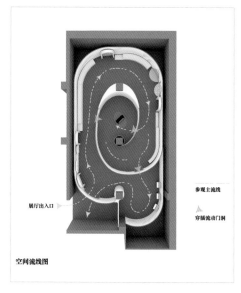

图2

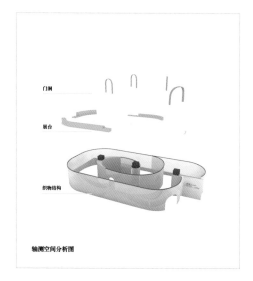

图3

18

图4

图5

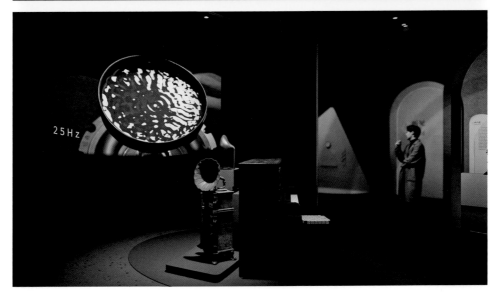

图6

我们在第一篇章向观众提供听"自然里的时间"的体验，如水滴、潮汐等富有规律暗含时间计算意义的自然音；右侧视角由缓缓律动的粒子图像和声波图像来辅助表达声音被"看见"。行进到第二篇章，"听"的内容紧密贴合"追求精确"的主题，设置严谨、精确节奏的打击乐；右侧视角的影像也随之转变为规律律动的几何形。到第三篇章，随着"无时不在"板块展品呈现的丰富性和生活化特征，"听"的内容选用了美国作曲家安德森的《切分音的钟》；右侧视角的影像由更为丰富的组合图形去演绎复杂的乐章变幻感。第四篇章"听见时间"板块，我们通过对11件八音盒、留声机等展品进行互动演播编排，观众伴随着一系列声音互动体验进入到展厅的中心"声音剧场"区域。此区域由一架"施坦威立式自动钢琴"作独立展示，并设置了一处投影墙展现一组声波频率可视化的物理实验影像资料。

动态视觉艺术
辅助叙事线

声音媒介装置

视听媒介区域图

图7

结　语

展览充分地运用"听"与"看"作为信息传播方式，通过对各局部秩序的建立，实现整个场域系统的稳定与和谐。时光与音乐交叠，观者游走于展厅之时如置身于一首灵动的时光旋律之中。正如科学和艺术都体现了人类运用智慧对美和精神的追求，此次展览希冀由机械钟、机械声音与多维度信息的连接和跨越，让展览的启发性得以生长，帮助我们突破局限，共同描绘高校的人文风貌。

[1] 蔡静野.《格物兴教：高校博物馆的意旨与职责》[J]，《中国博物馆》，2023年第1期，第103页.
[2] 许捷.《展览叙事：从方法到视角》[J]，《博物院》，2021年，第4期，第21.
[3] 阮昕.《浮生·建筑》[M]，北京：商务印书馆，2020，第143页.
[4] 陈洛奇.《展示场域性研究在空间设计中的重要性——以2017北京国际设计周天桥主展设计为例》[J]《装饰》，2017年第12期，第76页.

Interconnections and Crossover:
An Interpretation of the Design of the "Symphony of Time" Exhibition

WU Chaohui

Abstract: In this exhibition, historical objects are arranged to form new connections and a new spatial structure, so that they can present civilization in a way that inspires visitors to explore a broader vision and find more profound humanistic meaning. As space becomes a carrier of culture, form gains significance. However, exhibition design pursues far more than purely visual aesthetics. It should attach more importance to the connections between people and the objects and between the space and the message to convey, so that the spatial structure and the content of the exhibition fit perfectly together.

前 言 | Introduction

往古来今谓之宙，五声成文谓之音。时间和音乐作为人类独有的创造，用以记录我们存在的轨迹与心声。从牛顿到爱因斯坦，从普朗克到宇宙时钟，时间的本质到底是什么？人类如何丈量时间？从安托·法布尔到托马斯·爱迪生，从声波振动到自动演奏，音乐的价值究竟是什么？机械又将音乐带向何方？这不仅是科学家与音乐家的问题，也关系到我们每一个人。

The past and present are known as time, and the combination of five sounds is called music. Time and music, unique creations of humanity, are used to record the trajectory of our existence and the voice from the innermost of our hearts. From Newton to Einstein, and from Planck to the cosmic clock, all endeavor is devoted to exploring what on earth time is and how to measure time. From Antoine Favre-Salomon to Thomas Edison, from sound wave vibrations to automatic performances, people keep seeking what the value of music is and the interrelationship of music and machinery. These not only concern scientists and musicians but also all of us.

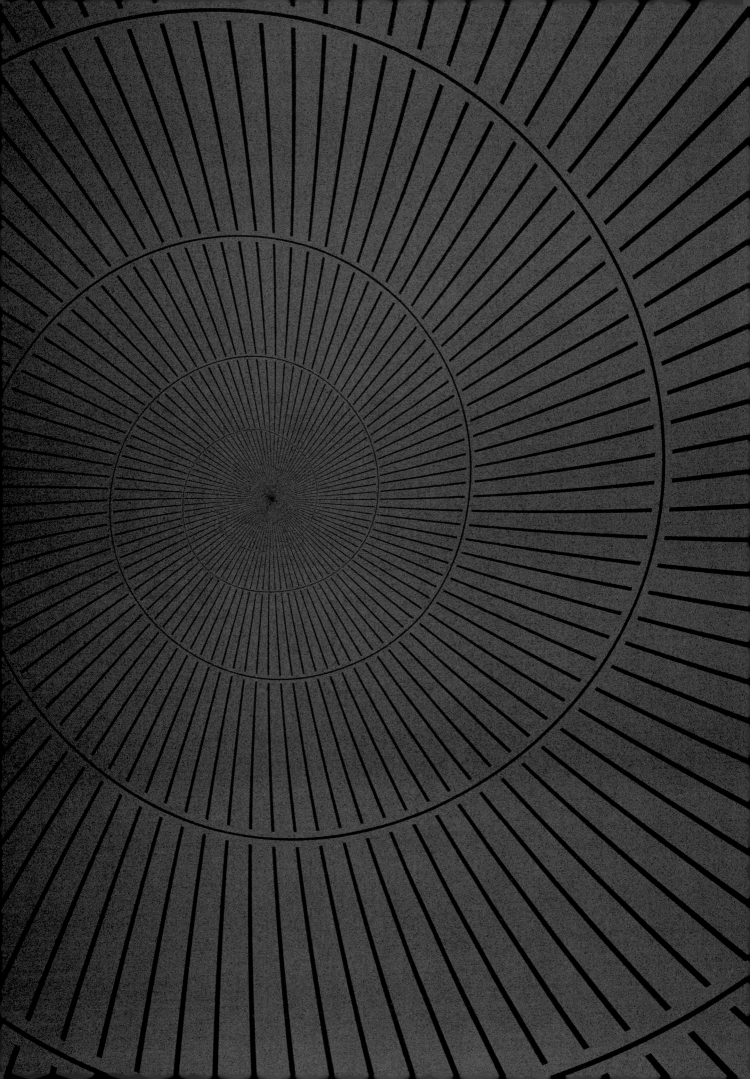

THE
PERCEPTION
OF
TIME

感
知
时
间

时间究竟是什么？假使人家不问我，我像很明了；
假使要我解释起来，我就茫无头绪。
——圣·奥勒留·奥古斯丁

从晨曦初露到夜幕低垂，从春种秋收到冬眠夏醒，从疏密的年轮到层叠的地层，自然以其独特的方式，诉说着时间的经纬。时间之神或持沙漏、或驭飞马，音乐之律起承转合、和谐绵延，人类用自己的想象力与创造力，勾勒着对时间无尽的遐想与敬畏。从瞬息万变中隐藏着的最小瞬间，到138亿年前的宇宙洪荒，人类以有限的个体生命，感知和探索着时间的尺度。

What then is time? Provided that no one asks me, I know. If I want to explain it to an inquirer, I do not know.
—— Saint Aurelius Augustinus

From the first glimmer of light at dawn to the falling of dusk, from the sowing in spring and harvesting in autumn to the winter hibernation and summer awakening, from the sparse rings of trees to the layered strata of the earth, nature tells the story of time in its unique way. The god of time may hold an hourglass or ride a galloping horse, and the rhythms of music rise, fall, and keep going on harmoniously. With imagination and creativity, humans sketch endless reverie and reverence for time. From the smallest moment hidden in constant change to the vast universe which is 13.8 billion years old, humans perceive and explore the scale of time with their finite lives.

菊石化石
Ammonite Fossil

中奥陶世至晚白垩世
直径15.2—17.5厘米，厚4.16厘米
—
Middle Ordovician-Late Cretaceous
Dia. 152–175mm, D. 41.6mm

THE
PURSUIT
OF
PRECISION

追求精确

巧制符天律，阴阳一弹包。弦轮旋密运，针表恰相交。
晷刻毫无爽，晨昏定不淆。应时清响报，疑是有人敲。
——爱新觉罗·胤禛

　　时钟有两个构成要素：一个规则的、连续的、可重复的周期性物理过程；一种可以记录并显示周期个数的方法。人类对于时间的丈量无不围绕着对这两个要素的精进：从利用天文景象和流动物质的连续运动测时，到应用机械结构的周期控制计时，再到计量原子核外电子跃迁时的电磁波频率振动周期，让时间的流逝有了前所未有的精确尺度。光阴的刻度、齿轮的默契、频率的捕捉，都是人类智慧与时间的对话。

A clever system measures the heavenly laws, encapsulating yin
and yang in one beat. The strings and wheels are in precise operation,
and the hands of the clock meet exactly. Time is kept without the
slightest deviation, and day and night are set without confusion.
The clear sound of the clock reports the time as if
it were done by someone.
——Aisin Gioro Yin Zhen

A clock involves two essential elements: a regular, continuous, and repeatable periodic physical process, and a method to record and display the number of cycles. Humanity's measurement of time revolves around the refinement of these two elements as seen in the efforts from using astronomical phenomena and the continuous motion of fluids to measure time through the application of mechanical structures for periodic control to the measurement of the electromagnetic wave frequency oscillation period during electron transitions outside atomic nuclei. All the accumulated endeavor has given an unprecedentedly precise scale to the passage of time. The scale of time, the coordination of gears, and the capture of frequencies all represent dialogues between human wisdom and time.

八角式便携赤道日晷
Octagonal Portable Equatorial Sundial

现代
法国
长6.2厘米，宽8.1厘米，高3厘米
—
Contemporary era
Made in France
L. 62mm, W. 81mm, H. 30mm

　　这台赤道式日晷分上下两层，下层为八边形地平盘，盘底部配有调节水平的螺柱，两侧边分别设有水准管。盘中设有罗盘，周圈刻360度，沿罗盘外缘镌刻有莫斯科、巴黎、伦敦、维也纳等城市的名称和纬度。地平盘右侧设纬度刻度弧。上层为可折叠的圆环式时刻盘，盘面刻有时刻线与计时的罗马数字，时刻盘中心设有可转动的晷针。

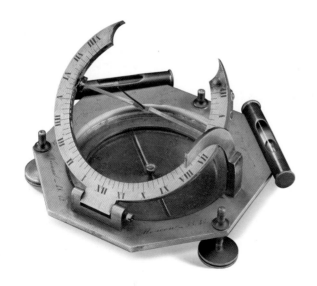

垂直日晷通常安置在建筑物的墙面上，因此它们很容易就能从远方被看到。晷针与地球的自转轴平行，晷影在盘面上的移动不是均匀的，非刻度外投影需要根据经验估算时间。

垂直日晷
Vertical Sundial

现代
英国
高34.5厘米，长21.7厘米，宽7.1厘米
—
Contemporary era
Made in UK
H. 345mm, L. 217mm, W. 71mm

沙漏也叫沙钟，是一种测量时间的装置。西方沙漏由两个玻璃容器和一个狭窄的连接管道组成，根据流沙从一个容器漏到另一个容器的时间来计量时间。

此为英国国家海事历史学会（National Maritime Historical Society）制作的海事沙漏。

焚香计时起源于中国，后传入东亚各国，香钟是一种燃烧已知燃烧速率的香料来推算时间的火钟，一般来说，普通的线香就可以用于计时。在古代中国，人们常用"一炷香的功夫"来形容一段不长的时间。香钟按香料形状可分为固定型和粉末型两种。香体中的香料要分布均匀、横截面要保持相同才能保证焚烧的速度稳定。

香钟
Combustion Clock

近代
日本
长23.5厘米，宽23.5厘米，高46.8厘米
—
Late modern era
Made in Japan
L. 235mm, W. 235mm, H.468mm

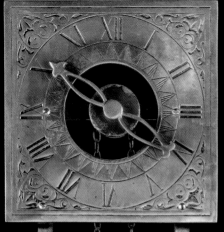

水钟
Clepsydra Water Clock

1960年
英国
高79厘米，长21厘米，宽11.5厘米
—
1960
Made in UK
H. 790mm, L. 210mm, W. 115mm

水钟是最古老的时间测量仪器之一，公元前16世纪左右在巴比伦和埃及就出现了水钟，包括印度和中国在内的世界其他地区也有使用水钟的早期证据。古希腊发明家克特西比乌斯（Ctesibius）发明过一种水钟（Clepsydra），它与自动机械相结合，并装有齿轮装置和表盘指示器，精度达到了非常高的水平，直到被摆钟所取代。

在1600年前后，英国及欧洲大陆的钟表匠们发明了具有独特风格的重力启动的时钟，因其外形酷似欧洲中世纪流行的手提灯笼而得名"灯笼钟"，它也是长箱钟的前身。早期灯笼钟采用单指针指示时间，为了能准确读出时间，钟表匠将钟面的章节环等分成4格，每一格表示15分钟。现代英语中表示一刻钟的单词"quarter"即来源于这种钟面。

灯笼钟
Lantern Clock

1675年
英国
长11.4厘米，宽12.2厘米，高23厘米
—
1675
Made in UK
L. 114mm, W. 122mm, H. 230mm

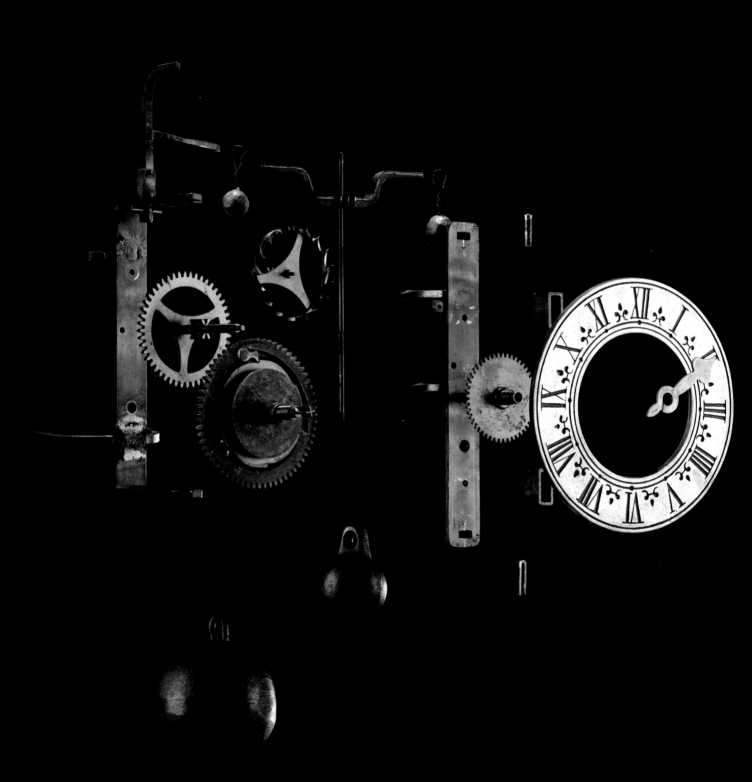

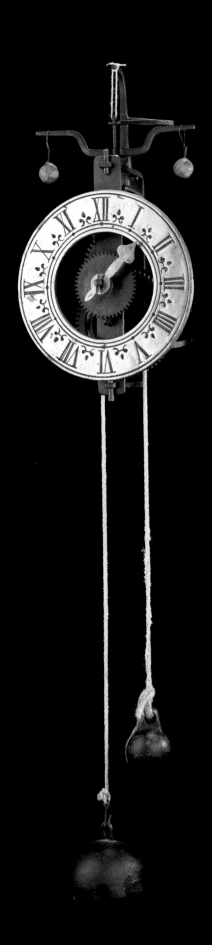

13世纪末期，欧洲出现了真正意义上的机械时钟。那时的钟使用了机轴擒纵和富里奥摆的结构，利用重锤下落的能量作为动力，后期也使用发条作为动力。

机轴擒纵属于反冲型的擒纵结构，擒纵又与擒纵轮直接撞击既浪费能量又会产生后坐力，而富里奥摆又无法做到等时性，所以此类钟的精确度很差。早期每日误差1—2小时，经过改进每天误差也在15分钟左右，即便两个同样结构的钟显示时间都会不同，还需要用水钟或日晷进行校正。这也是其钟面上不设分针的主要原因。此类结构的钟流行了三百多年，直到被更精确的摆钟逐渐取代。

富里奥型挂钟
Verge and Foliot Wall Clock

现代仿制
西班牙
长15厘米，宽14厘米，高27厘米（不含重锤及挂绳）
—
Modern replica
Made in Spain
L. 150mm, W. 140mm, H. 270mm
(Weights and Sling not Included)

皇冠轮机械钟机芯

Movement of a Clock
with Crown-wheel Escapement

近代
英国
长12.5厘米，宽12厘米，高18.5厘米
—

Late modern era
Made in UK
L. 125mm, W. 120mm, H. 185mm

均力圆锥轮的原型来自于古时的大型攻城器械，后被使用在钟表之中，它巧妙地利用了杠杆原理，当上紧发条的时候，力量最大，力矩最小，发条逐渐释放时，力矩也相应变大，使动力从始至终保持相对的平稳。

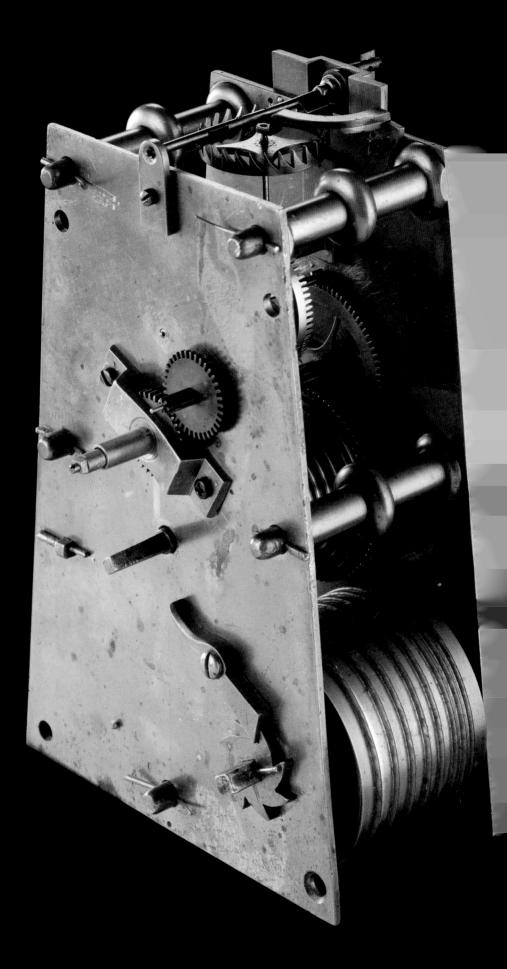

约瑟夫·约翰逊校准钟
Joseph Johnson Regulator

1820年
英国
长52厘米，宽25.5厘米，高195厘米
—
1820
Made in UK
L. 520mm, W. 255mm, H. 1950mm

这台校准钟的指针采用最具代表性的规范针设置，特点是钟面上的时针、分针、秒针各有一个刻度盘单独计时，而三根针的轴心都落在12点位到6点位连成的直线上，因此也被称为"三针一线"。采用"规范针"的时钟通常由中央指针指示分钟，并将时针与秒针分置以分别指示小时和秒。由于三针分立，运行时不会互相干扰，准确度也大幅提高，这也是校准钟精确计时的必备条件之一。

三重锤弦线重力自鸣挂钟
Three Weights Driven Wall Clock

1930年
德国
长45厘米，宽19厘米，高136厘米
—
1930
Made in Germany
L. 450mm, W. 190mm, H. 1360mm

三重锤弦线重力自鸣挂钟是一款集技术、功能、艺术于一体的高端挂钟。这款挂钟不仅具有实用的时间显示和报时功能，还具备极高的装饰价值。它不仅代表了时钟制造的巅峰工艺，还体现了时间与艺术的完美结合。

卡特尔时钟是挂钟中独特的一种类型，最初是由壁挂式支架时钟发展而来，外形一般采用涡卷形设计，可直接挂在墙上。大约自1740年从法国巴黎开始流行起来，装饰风格一般采用不对称曲线的洛可可风格。

AD MOUGIN 卡特尔挂钟
Cartel Timepiece Made by AD Mougin

1880年前后
法国
长28.5厘米，宽12厘米，高61.5厘米

—

Around 1880
Made in France
L. 285mm, W. 120mm, H. 615mm

双眼自鸣挂钟
Chiming Clock with Two Winding Holes

近代
德国
长34.5厘米，宽17.5厘米，高101厘米

—

Late modern era
Made in Germany
L. 345mm, W.175mm, H. 1010mm

布勒钟
Bulle Clock

1930年
法国
长21厘米，宽15.5厘米，高34.5厘米
—
1930
Made in France
L. 210mm, W. 155mm, H. 345mm

布勒钟是早期使用电磁驱动的机械钟，它的磁铁是特殊的三极磁铁（两端南极、中间北极），呈弧形或 U 形，这种独特的特征会在磁铁杆的中心处产生非常高的磁场，线圈磁场与条形磁体中的磁场相反，由于相斥作用，条形磁体推动线圈促使钟摆摆动离开中心磁极。磁铁的独特设计也是其最大的问题，因为在磁铁的中心磁场在不断地相斥，最终必然会导致消磁。

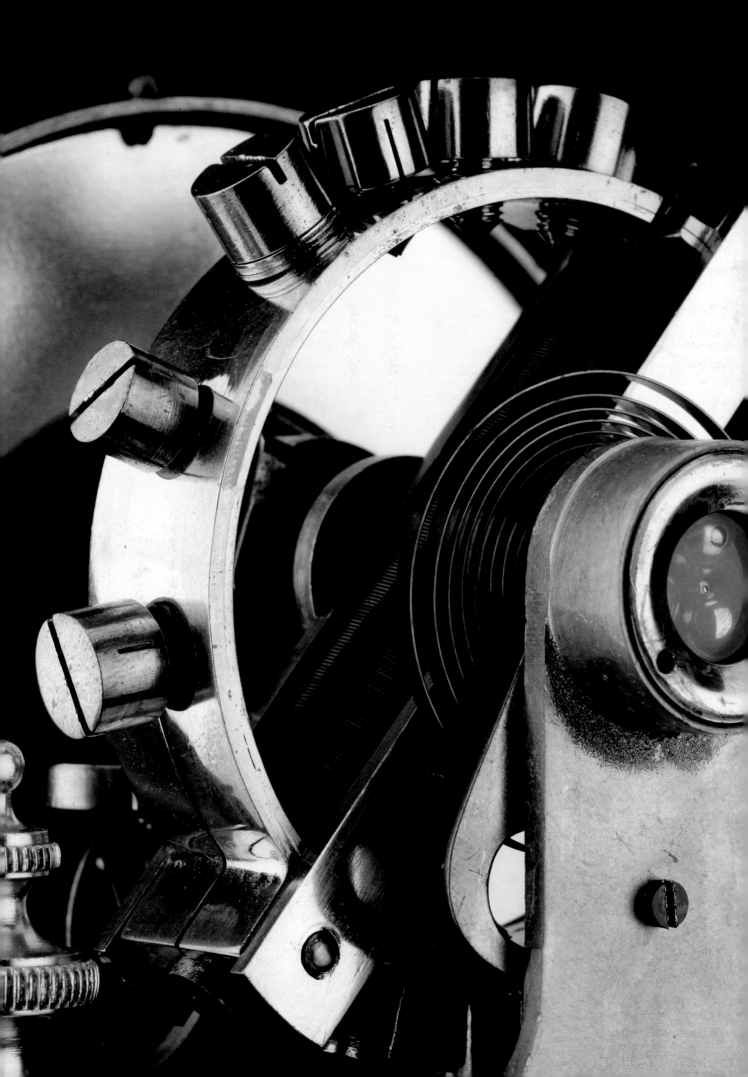

尤里卡电钟
Eureka Electric Clock

1906年
英国
长22.2厘米，宽17.7厘米，高38.1厘米
—
1906
Made in UK
L. 222mm, W. 177mm, H. 381mm

———————

英国伦敦的尤里卡钟表公司于1908年至1914年间制造了这类早期电钟，其最容易辨识的特征就是巨大的平衡摆轮，摆轮中使用了滚珠轴承来减少摩擦，平衡轮由两块软铁芯组成，当电流通过中央线圈时形成U型磁铁，平衡臂被固定位置的衔铁吸引，产生摆动并驱动齿轮。受限于当时的电池技术，电池难以持续提供稳定的电压输出，造成时钟走时不准确，是此钟的最大缺点。

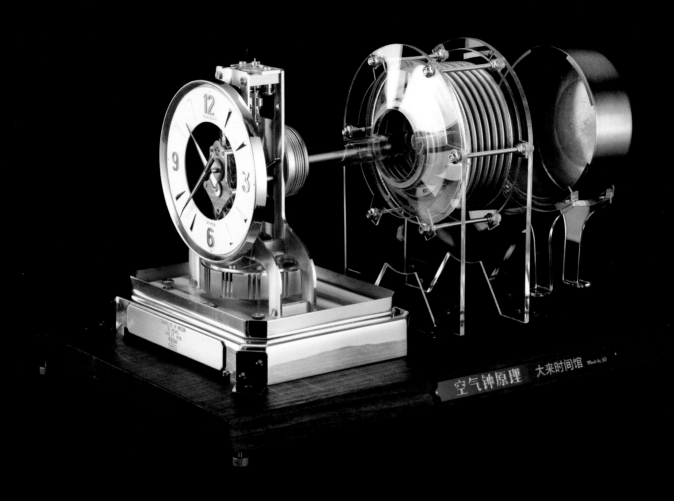

空气钟是扭摆钟的特殊种类，动力来自温度的变化，在没有人为干预下可以运行多年。钟体背后的金属圆盒里有个波纹管空气包，其中充满了在15℃—30℃之间膨胀系数最高的氯乙烷气体。当温度上升时，氯乙烷的气体迅速膨胀，空气包伸长，压迫盒内的大螺旋弹簧，能量便存储在弹簧内。当温度下降时，空气包收缩，螺旋弹簧放松并在此过程中拉动链条为发条上弦。每天只要有1℃的温度变化或者3mm汞柱的气压变化，产生的能量就足以维持该钟48小时的运转。

积家空气钟
ATMOS Clock Made by Jaeger-LeCoultre

现代
瑞士
长20.8厘米，宽16.1厘米，高23.4厘米
—
Contemporary era
Made in Switzerland
L. 208mm, W. 161mm, H. 234mm

正面

背面

Gents C7 电磁同步时钟系统

C7 "Pul-syn-etic" System of
Electric Impulse Clocks Made by Gents' of Leicester

1960年
英国
（1）主钟：长28.8厘米，宽18.3厘米，高131.5厘米
（2）附属定时控制器：长45.3厘米，宽21.8厘米，高39.8厘米
（3）附属子钟：长31.2厘米，宽7.5厘米，高32.3厘米
—
1960
Made in UK
(1) Master Clock: L. 288mm, W. 183mm, H. 1315mm
(2) Contact Maker: L. 453mm, W. 218mm, H. 398mm
(3) Slave Clock: L. 312mm, W. 75mm, H. 323mm

英国莱斯特郡的 Gents 公司于 1956 年开始
设计生产 C7 型电磁同步时钟系统。主钟为木质
外壳，配有 C7 型电磁脉冲发射器，正方形白色
钟面，阿拉伯数字点位，黑色指针，配有殷钢摆。
附属定时控制器内部配有电子脉冲接收器、不锈
钢定时控制圆环，可通过安装销钉控制定时。附
属子钟通过 C7 型电磁主钟系统接受时号，同步
计时。

（1）

(2)

(3)

51

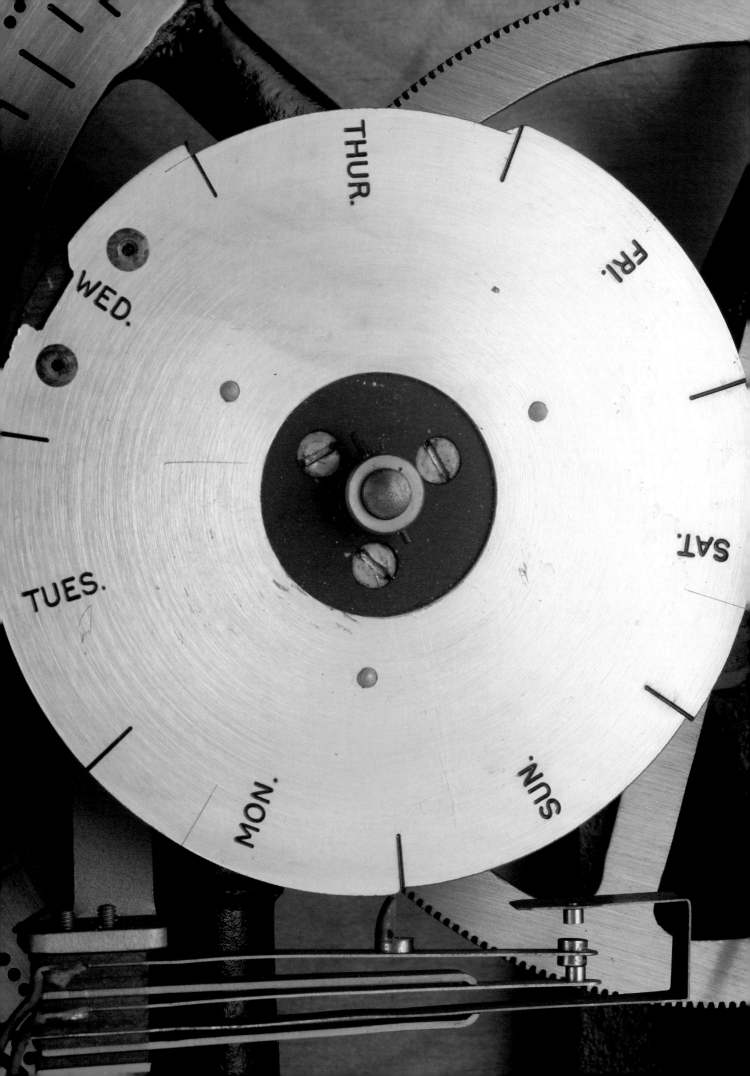

同步时钟附属定时控制器局部

SELF WINDING 同步子钟
Self Winding Slave Clock

1940年
美国
直径50厘米，厚12厘米
—
1940
Made in USA
Dia. 500mm, D. 120mm

Self Winding 时钟公司（SWCC）所生产时钟的独特之处在于，时钟每运行一小时，安装在时钟中心轴上的接触开关就会被激活，随即主发条被电动机上弦一次。电动机的电力由电池提供，电池使用寿命约为一年。

此钟为 SWCC 于 20 世纪 30 年代为美国西联公司（Western Union）制作的时间服务子钟。西联公司接收美国海军天文台准确的时间信号，每逢整点再通过专用电报或电话线路将所有的子钟同步，此项服务专为那些需要精准计时的客户而设。

骨架座钟
Skeleton Clock with Anchor Escapement

1880年
英国
长25厘米，宽17厘米，高30厘米

1880
Made in UK
L. 250mm, W. 170mm, H. 300mm

骨架钟以故意裸露机芯机械结构为主要特征，可以直接观察机芯的运行状态，是极具欣赏性的一个古钟门类。此钟的底座为大理石，上覆红丝绒，镂花钟面，带均力圆锥轮，肠绳传动，锚式擒纵机构。主体框架材质为纯铜，具有特殊的机械美感。仔细观察可以看到底部支架上镌刻有制作工匠的名字 H. BROWN OXFORD。

W. F. EVANS & SONS 塔钟机芯
Movement of a Turret Clock
Made by W. F. Evans & Sons

现代
英国
长71.5厘米，宽40.5厘米，高141厘米（含展示支架）
—
Contemporary era
Made in UK
L. 715mm, W. 40.5mm, H. 1410mm
（Holder Height Included）

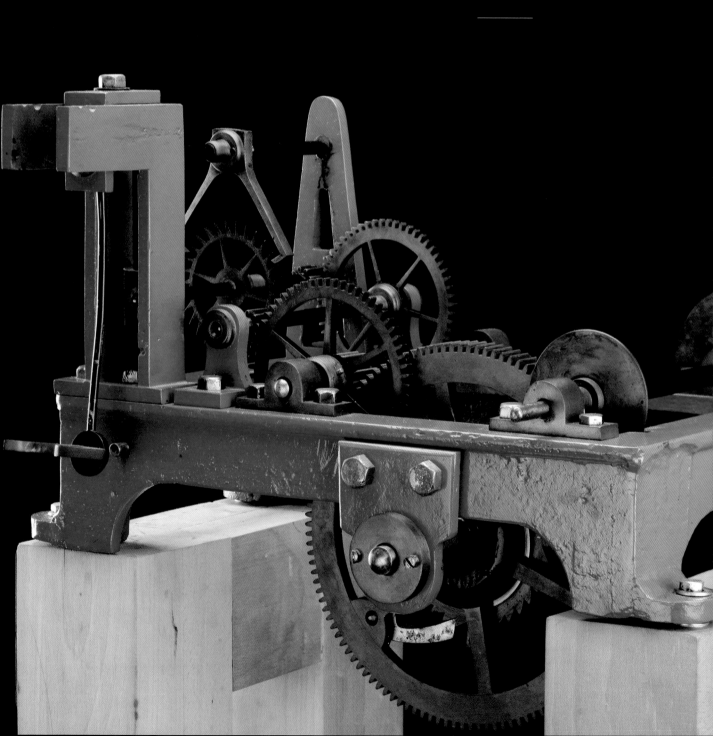

塔钟，顾名思义是安装在塔楼上的时钟。11世纪末，水力驱动的机械钟先后出现在欧洲的各个主要城市，13世纪后期又出现了重锤驱动的机械钟，这些指示公共时间的机械钟体积庞大，被安置在高高的钟楼之中，既是城市繁荣的象征，也是市民的骄傲。它们除了管控市民平常生活的时间外，还有个重要的作用——通过固定时间响起的钟声提醒大家进行宗教祈祷。

塔钟运行的环境通常十分恶劣，要在寒冬酷暑、潮湿多尘的情况下保持运行良好，因此钟摆大多都有温度补偿的设计，且机械结构便于维护。

由著名法国钟表匠法科特（Henri-Eugène-Adrien Farcot, 1830—1896）设计制作。大理石底座，珐琅镂空钟面，钟摆是一位鎏金小天使。一般钟摆都是左右摆动，此款钟通过同轴交错的双擒纵轮加90°安装的擒纵叉的设计使得钟摆（秋千）可以前后摆动。这种颇具特色的运作方式也被称为镰刀式擒纵或铡草机擒纵（Chaff cutter escapement）。

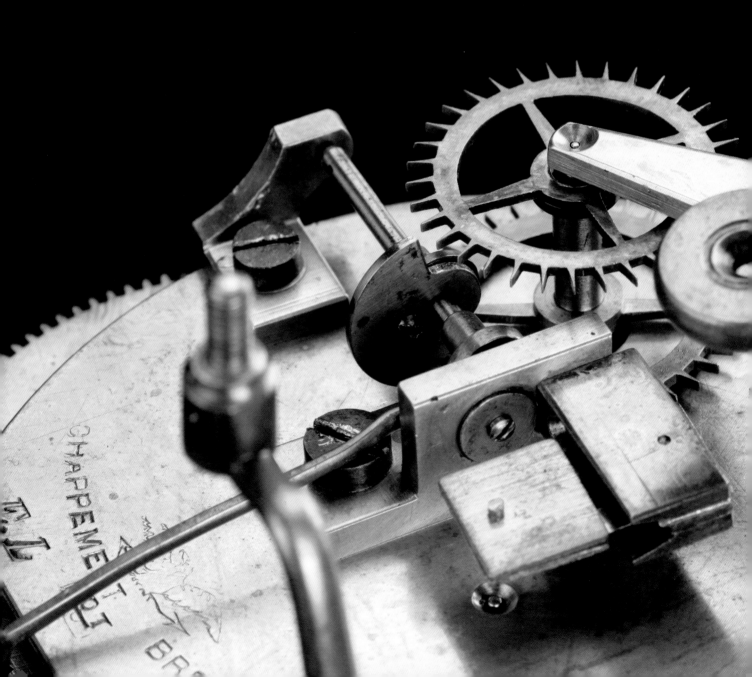

法科特小天使秋千钟
Swinging Angel Mantel Clock Made by Farcot

1880年
法国
长17厘米，宽11.5厘米，高35厘米
—
1880
Made in France
L. 170mm, W. 115mm, H. 350mm

大三轮骨架钟是一款兼具功能性和观赏性的时钟。这种骨架钟以三轮结构为主要特点，即通过三个主要齿轮的协调运作来驱动整个计时装置。它不仅能够提供准确的时间显示，还展示了复杂而美妙的机械结构，是钟表工艺和机械美学的完美结合。无论是作为计时工具，还是作为艺术收藏品，它都能为使用者带来独特的视觉和使用体验。

大三轮骨架钟
Skeleton Clock with Three Gears

现代
美国
长30厘米，宽15厘米，高48厘米
—
Contemporary era
Made in USA
L. 300mm, W. 150mm, H.480mm

安索尼娅瓷壳钟
Ansonia Clock with Ceramic Case

1881年
美国
长35.5厘米，宽13.7厘米，高32厘米
—
1881
Made in USA
L. 355mm, W. 137mm, H. 320mm

由美国安索尼娅（Ansonia）钟表公司制作。布洛科擒纵机构（Brocot escapement）是法国钟表匠路易斯·加百列·布洛科（Louis-Gabriel Brocot）于1823年发明，由其儿子雅士利（Achille）改进，最早出现于19世纪法国摆钟，后被大量使用在美国时钟之中。它是锚式擒纵机构的一种变体，其中的擒纵叉为半圆形销钉，通常被安置在时钟的钟面前方，这样就可以看到擒纵机构的运行。

英国大师级钟表匠托马斯·塔瑞（Thomas Tyrer）在1760年发明了著名的复式擒纵机构，也就是我们通常所说的丁字擒纵机构。复式擒纵机构是一种复杂且精密的钟表擒纵机构，通常包含两个独立的擒纵装置，可以分别驱动两个不同的调节器（如双摆轮或双游丝），或在单一调节器上实现双重调节。通过这种设计，钟表可以获得更高的走时精度和稳定性。这种擒纵机构自诞生以来被广泛应用在高档怀表上。

复式擒纵机构模型
Duplex Escapement Model

现代
美国
直径17厘米，高16厘米

—

Contemporary era
Made in USA
Dia. 170mm, H. 160mm

杠杆式擒纵机构模型
Lever Escapement Model

现代
美国
直径20厘米，高15厘米
—
Contemporary era
Made in USA
Dia. 200mm, H. 150mm

　　杠杆式擒纵机构是钟表机芯中一种重要且广泛使用的擒纵装置，通常用于机械钟表的摆轮系统。它通过杠杆将发条的能量以周期性的冲击形式传递给摆轮，使摆轮进行等时性振动，从而实现钟表的精准计时。

GALOPPE 大理石廊柱奖杯自鸣钟

Galoppe Marble Chiming Clock with Trophy and Columns

近代

法国

长24.5厘米，宽10厘米，高43厘米

—

Late modern era

Made in France

L. 245mm, W. 100mm, H. 430mm

马丁·巴斯克特玫瑰木廊柱壁炉钟
Martin Baskett Rosewood Mantel Clock with Columns

1820年
法国
长22厘米，宽12厘米，高44厘米
—
1820
Made in France
L. 220mm, W. 120mm, H. 440mm

1726年约翰·哈里森发明了栅架形温度补偿摆，原理是利用不同金属的热膨胀系数差异来抵消温度变化对钟摆长度带来的影响。它的缺点在于金属杆在框架伸缩滑动时产生摩擦阻力，导致时间调整呈一系列微小的跳跃。

四明水银摆奖杯自鸣钟
Four Glass Chiming Clock
with Mercury Pendulum and Trophy

近代
法国
长21厘米，宽18厘米，高42厘米
—
Late modern era
Made in France
L. 210mm, W. 180mm, H. 420mm

1721年格雷厄姆发明了水银温度补偿摆，通过水银在温度变化后在玻璃管中上升或下降引起的重心偏移来抵消摆的长度变化。它的缺点在于由于容器热传导性能差，导致水银的变化跟不上摆的变化，时间调整会有滞后的现象，所以后期的高精度时钟改用由金属制成的薄容器。

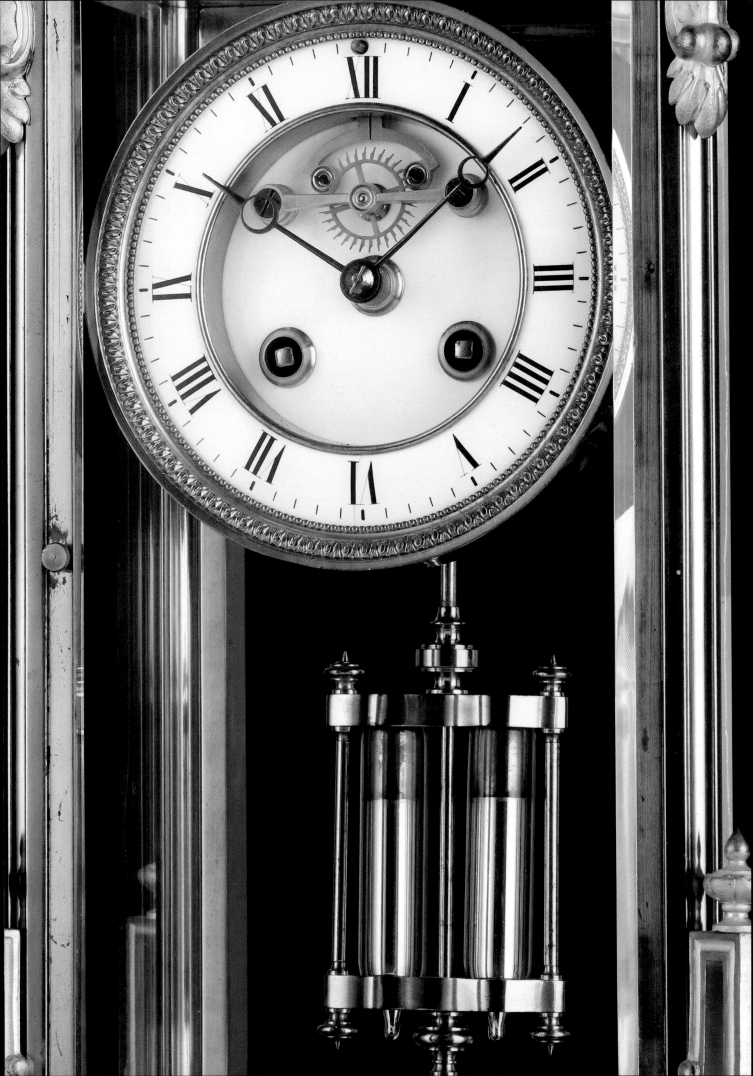

剪刀双摆骨架钟
Scissors Pendulum Brass Skeleton Clock

近代
英国
长29.3厘米，宽19.2厘米，高56.5厘米

—

Late modern era
Made in UK
L. 293mm, W. 192mm, H. 565mm

此钟装有特殊的双摆结构，每个摆的摆轴上有一个擒纵叉（擒纵叉的进瓦和出瓦并不是一体），擒纵叉背后均有一个齿轮，双齿轮相互啮合使得擒纵叉在同一个平面上，双摆相向摆动宛如剪刀开合。据传这种特殊擒纵装置是由法国制表师让·巴蒂斯特·杜特尔（Jean Baptiste Dutertre）于1735年发明。

双复合平衡摆骨架钟
Compound Balanced Pendulum Skeleton Clock

现代
美国
长34厘米，宽19厘米，高54厘米
—
Contemporary era
Made in USA
L. 340mm, W. 190mm, H. 540mm

采用独特的平衡摆结构，摆的两边分别装有一颗沉重的铜球，整个平衡摆通过一个非常小的支点与机芯上方连接，摆幅极小所以非常节省能量。骨架钟设计，可清晰地观测齿轮系工作情况。12块独立烧制的珐琅片显示阿拉伯数字点位，尽显华贵大气。

五柱亭式锥摆钟
Pavilion Clock with Conical Pendulum

1880年
法国
直径9.5厘米，高18厘米
—
1880
Made in France
Dia. 95mm, H. 180mm

锥摆钟的概念最早由英国科学家罗伯特·胡克（Robert Hooke）在17世纪提出，以钟摆在圆锥形轨迹上做圆周运动而得名。作为一种特殊的调节器，锥摆钟的摆锤运动路径与传统钟摆的平面摆动路径明显不同。锥摆的旋转速度由摆杆的长度和重力加速度决定，圆锥形的圆周运动具有较高的稳定性和精确度，通过精确控制锥摆的长度和摆动的幅度，可以实现精准计时。

铜胎四明扭摆钟
Four Glass Copper Clock with Torsion Pendulum

1900年
德国
长21.5厘米，宽19厘米，高33.5厘米
—
1900
Made in Germany
L. 215mm, W. 190mm, H. 335mm

扭摆钟是用扭转摆作为调速系统的钟，扭摆系统摆动很慢，一般摆动一次的时间需要花费 12—20 秒，消耗能量非常低，上一次发条可以走 400 天左右，所以也被称为 400 天钟。

400 天扭摆钟是机械钟发展史上非常重要的进步之一，从惠更斯 1656 年发明摆钟以来的 250 年间没有人成功地生产出运行时间超过一周或两周的钟。400 天扭摆钟构造非常简单，上完发条可以在一年中都保持相对精确地运行，还有可以运行 1000 天的型号。在此之前发明的钟也许能长时间运行，但是走时精度很差，而且价格高昂。

双柱扭摆钟
Torsion Pendulum Clock
with Double-barrelled Mercury

1905年
德国
高28厘米，底座直径19.5厘米
—
1905
Made in Germany
H.280mm, Base Dia. 195mm

费希尔扭摆钟

S. FISHER Clock with Torsion Pendulum

近代
德国
高28.5厘米，底座直径20.2厘米
—
Late modern era
Made in Germany
H. 285mm, Base Dia. 202mm

宝路华音叉表
Bulova Accutron Watch

1960年
美国
表长23厘米，表盘直径3.5厘米，厚1.4厘米
—
1960
Made in USA
L. 230mm, Dial Dia. 35mm, D. 14mm

———————

宝路华音叉钟
Bulova Tuning-fork Clock

现代
美国
长21厘米，宽6.2厘米，高16厘米
—
Contemporary era
Made in USA
L. 210mm, W. 62mm, H. 160mm

———————

音叉振动有其固定频率，而且振动频率很高，利用这个频率作为调速器就可以做出精准度很高的计时器。第一台音叉钟是尼奥德特（N. Niaudet）和布雷盖（L.C. Breguet）在1866年制造的，那时的音叉频率为每秒100次。

1960年，宝路华手表公司的瑞士工程师马克斯·赫策尔（Max Hetzel）使用相同的原理研发了音叉表，依托每秒360次的振动频率，使精度达到了每天±2秒，让同时代的机械表望尘莫及。只过了9年，音叉表便在这场时间精度的较量中败给了后起之秀——石英表。

宝杰航海钟及机芯
Poljot Marine Chronometer and Movement

1960年
苏联
盒高19厘米，长19.5厘米，宽19.5厘米；
机芯高5.5厘米，直径10.5厘米
—
1960
Made in Soviet Union
Clock-case: H.190mm, L. 195mm, W. 195mm
Movement: H.55mm, Dia. 105mm

这款为专用的天文级航海钟，20钻24K镀金机芯密封在实心黄铜制钟壳中，配有坚固的斜面水晶钟面，芝麻链传动，锁簧式擒纵机构以及双金属摆轮，56小时超精准计时。

宝杰（Poljot，俄语意为"飞行"），原为成立于1930月10月的莫斯科第一制表厂（The First Moscow Watch Factory, FMWF），是苏联规模最大、专事生产高精密度机械钟表的制表厂。1961年4月12日苏联宇航员加加林（Juri Gagarin）带着FMWF生产的"Sturmanskie"表升空，完成了他传奇性的太空之旅。FMWF为了纪念这一事件，将厂名改名为Poljot。

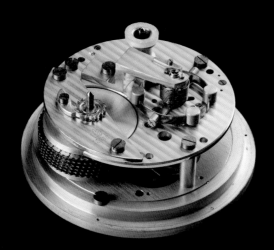

格拉苏蒂航海钟
Glashütte Marine Chronometer

1960年
德国
长18.5厘米，宽18.5厘米，高18.5厘米
—
1960
Made in Germany
H.185mm, L. 185mm, W. 185mm

———————

这款格拉苏蒂航海钟采用经典的小二针设置，12点位下方配有动力储存显示，AUF表示满弦，AB表示动力耗尽。动力储存显示也叫能量显示，钟盘上通常会有一个表示动力储存的显示窗，也叫能量显示窗口，显示需要上弦前还能运行的时长。动力储存显示技术最先应用在航海钟上，航海钟一般上弦后可运行48小时，这种设计可以让船员直观地了解时钟何时需要重新上弦。

切尔西报房钟
Chelsea Radio Room Clock

1936年
美国
直径18.2厘米，厚6.5厘米
—
1936
Made in USA
Dia. 182mm, D. 65mm

1912年泰坦尼克号的沉没极大地影响了无线电通信的规则以及船舶专用时钟的制造。1913年12月12日，在英国伦敦召开了第一届海上生命安全国际大会并制定了SOLAS公约，公约规定船上的无线电通信须配备一台可靠的带秒针的时钟，其钟面直径不得小于5英寸（12.5厘米），并在盘面上标记无线电报务所规定的静默时间的区间。

随后生产的船用报房钟在 3 点位 15—18 分钟区间和 9 点位 45—48 分钟区间以红色扇形表示，在此区间内必须保持无线电静默，监听 500kHz 频率的求救信号。后期又在 12 点位 0—3 分钟和 6 点位 30—33 分钟增设绿色扇形，监听 2182kHz 频率的求救信号。

TIME
FOR
ALL

无时不在

时间是一项人类的发明，
用以衡量我们存在的轨迹。
——约瑟夫·马祖尔

　　时间，以一种隐秘的方式越来越深地渗透到我们生活的方方面面。工业生产的精密调度，推动效率革命；各地时区的统一，让全球的沟通交流更为便捷；公共赛事的精准计时，见证每一刻辉煌；个人用的钟表，是生活的节奏器，更是人生历程的陪伴者。时钟多样的艺术风格，亦映射着不同时代的审美追求。如果时间不再存在，我们的世界会是怎样的光景？

It seems that time is a human invention
that measures the lines of our existence.
—— Joseph Mazur

Time, in a mysterious way, increasingly permeates every aspect of our lives. The precise scheduling of industrial production drives the efficiency revolution; the unification of time across zones around the world makes global communication more convenient; the precise timing of public events witnesses every moment of glory; personal timepieces serve as the metronomes of life or rather than companions in our life journey. The diverse artistic styles of clocks reflect the aesthetic pursuits of different eras. If time no longer existed, what would become of our world?

GE 时区钟
GE World Time Zone Clock

现代
美国
长33.6厘米，宽7.1厘米，高15.7厘米
—
Contemporary era
Made in USA
L. 336mm, W. 71mm, H. 157mm

通用电气公司（General Electric Company，简称 GE）的历史可追溯到托马斯·爱迪生 1878 年创立的爱迪生电灯公司。1892 年，爱迪生电灯公司和汤姆森·休斯顿电气公司合并，成立了通用电气公司。这台时区电钟，除了可以显示本地时间，还可以显示不同地区的当地时间。

REMEMBRANCE 美国时区钟

Remembrance US Time Zone Clock

近代
美国
长28厘米，宽6.1厘米，高19.3厘米

—

Late modern era
Made in USA
L. 280mm, W. 61mm, H. 193mm

———————

美国的时区划分主要分为六个，分别是东部时间（EST）、中部时间（CST）、山地时间（MST）、太平洋时间（PST）、阿拉斯加时间（AKST）和夏威夷时间（HST）。

这六个时区覆盖了美国本土及海外领地阿拉斯加和夏威夷。美国本土的时区从东向西分别是东部时间、中部时间、山地时间和太平洋时间，每个时区对应一个标准时间，时差分别为西五区时间、西六区时间、西七区时间和西八区时间。阿拉斯加时间为西九区时间，夏威夷时间为西十区时间。这些时区按照"东早西晚"的规律逐次递减一小时。

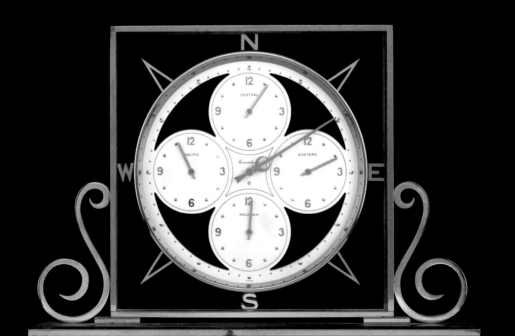

切尔西船钟
Chelsea U.S. Government Ship's Clock

现代
美国
直径26厘米，厚7.8厘米
—
Contemporary era
Made in USA
Dia. 260mm, D. 78mm

此钟为切尔西钟表公司为美国政府定制的款式，通常安装在海军舰船的相关舱室内，比如驾驶舱、引擎舱、电报室等。表盘直径约23cm，黑色外壳为酚醛树脂（电木），轻巧、耐用，在战时可以节省宝贵的金属材料。钟面时间显示是经典的 24 小时制（Military time）。

积家汽车钟
Jaeger-LeCoultre Car Clock

1929年
瑞士
高13厘米，直径7.6厘米，厚3厘米
—
1929
Made in Switzerland
H. 130mm, Dia. 76mm, D. 30mm

汽车专用钟是专门为车辆使用环境而设计的时钟，具有耐用、易读、集成度高等特点。不仅在功能上满足驾驶员对时间的需求，还要适应汽车环境的特殊要求。汽车钟通常集成在汽车的中控台或仪表盘上，配有一支长柄方便驾驶员调整时间。

飞机专用钟
Aviation Clock

1970年前后
苏联
表盘直径9厘米，厚8.5厘米
—
Around 1970
Made in Soviet Union
Dial Dia. 90mm, D. 85mm

　　飞机专用钟是航空器上不可或缺的仪表之
一，通常配有单独秒表功能，具备精确、耐用
和易读的特点，以满足飞行员在飞行过程中对
时间的严格要求。这些时钟通常安装在驾驶舱
的仪表板上，提供重要的时间信息，用于导
航、制定飞行计划和飞行操作。

发廊专用挂钟
Barber Shop Clock

现代
德国
直径22.4厘米，厚4厘米
—
Contemporary era
Made in Germany
Dia. 224mm, D. 40mm

此钟的时标数字为反相显示，指针旋转方向也是逆时针，这类钟为理发及美容行业专用，设计宗旨就是让在镜子前接受美容美发服务的顾客利用镜像原理无需回头也能正确地识别时间。

手工冲洗胶片需要严格掌握各种化学液体的温度和每个步骤的时间，不同的胶卷、不同的药液所需的时间也各不相同，加之暗室的光线不甚理想，所以暗房钟既要方便操控，钟面还需清晰容易辨识。

欧米茄暗房钟
Omega Pro-Lab Timer

1970年
美国
长31厘米，宽9厘米，高24.5厘米
—
1970
Made in USA
L. 310mm, W. 90mm, H. 245mm

一些长期的保险可以选择分期付款，然而在没有电子转账的年代，缴纳每期的保费需要去保险公司的营业点办理。为了节省用户奔波的时间，保险公司使用这种钟定期向投保人收取保费，同时也有敦促投保人及时缴费的意图。

每个投保人都有一台保险公司提供的投币式时钟，每周需投入两个弗罗林硬币（四先令），时钟内部的摆轮上有一个压簧阻止正常运行，只有投入硬币才能释放压簧，硬币释放压簧后落入底部的储币盒，保险公司的工作人员会定时上门取走储币盒中的硬币并重新铅封储币盒。

保险投币钟
Time Savings Clock

现代
英国
长27.7厘米，厚8.8厘米，高19.2厘米
—
Contemporary era
Made in UK
L. 277mm, W. 88mm, H. 192mm

纸卡考勤钟
Punch Card Time Clock

1950年
英国
长36.2厘米，宽28.5厘米，高98.5厘米
—
1950
Made in UK
L. 362mm, W. 285mm, H. 985mm

考勤钟，也称打卡钟，是一种企业进行员工
考勤管理的计时打印装置。将厚纸卡（称为时间
卡）插入时钟的插槽中，拉动手柄，机器就会在
卡上打印时间信息（时间戳）。计时员通过卡上
的时间戳来检查员工的工作时间，并根据相应的
规章制度计算员工的工资。

三钻牌篮球比赛计时钟
Sanzuan Stop Clock for Basketball Match

现代
中国
直径35厘米，厚9厘米
—
Contemporary era
Made in China
Dia. 350mm, W. 90mm

　　此钟为一般篮球比赛计时用钟，时间刻度为20分钟制，只有分针和秒针，秒针每转一周为60秒。可通过操作钟上安装的开关来控制篮球比赛中途的暂停或计时。旋转背后的拉杆可以让时间归零。

国际象棋比赛最早没有时间限制，为了避免参赛者无限制地延长比赛时间，1861年首次出现了计时制度。1883年，英国曼彻斯特的托马斯·威尔逊发明了第一台国际象棋比赛专用的机械计时装置。典型的棋钟必须具备双钟面、交替触发装置和提醒装置，通常也被用于非国际象棋的其他双人棋类运动中。

JERGER
奥林匹亚款国际象棋计时器
Jerger Chess Clock "Olympia"

现代
德国
长19.4厘米，宽7厘米，高12厘米
—
Contemporary era
Made in Germany
L. 194mm, W. 70mm, H. 120mm

THIS CLOCK IS FITTED
WITH A NEW STRIKING
CAM TO PREVENT
OVERRIDING OF THE
THIMBLE HOLE.

UNADJUSTED, FIFTEEN 15 JEWELS
FABR. D'HORLOGERIE ST. BLAISE S.A.
SWITZERLAND

S.T.B 赛鸽钟
S.T.B Pigeon Racing Clock

1960年
瑞士
长15.2厘米，宽13.5厘米，高12.1厘米
—
1960
Made in Switzerland
L. 152mm, W. 135mm, H. 121mm

赛鸽运动是利用鸽子归巢的天性来比赛的娱乐活动。赛鸽在统一地点放飞，待其返回家中后，根据两地距离和用时计算出鸽子的行进速度，最快者为优胜。

比赛时由参赛者携带各自的鸽钟到出发点，对时完毕后由组委会把鸽钟铅封防止作弊，然后放飞赛鸽。当赛鸽回巢后，参赛者把鸽子的脚环投入鸽钟顶部的圆孔并转动开关，鸽钟将记录抵达的准确时间并封存脚环供裁判裁决。

铜镂花马车钟
Brass Carriage Clock with Engraved Flowers

1880年
法国
长8厘米，宽7厘米，高12厘米
—
1880
Made in France
L. 80mm, W. 70mm, H. 120mm

两问马车钟
Repeater Carriage Clock

1890年
英国
长10厘米，宽9厘米，高19厘米
—
1890
Made in UK
L. 100mm, W. 90mm, H. 190mm

最早的马车钟是法国钟表大师宝玑在1812年为拿破仑所做，目的是方便这位经常四处征战的皇帝随时掌握时间。这种时钟因能适合马车携带而广受青睐，"马车钟"因此得名。

典型的马车钟为金属壳框架结构、四面玻璃、8日发条，上置明摆以及钟顶提梁。它的功能也很齐全，涵盖了打鸣、报时、年历、月相等。在1830—1930年前后的100年间，风靡欧美。

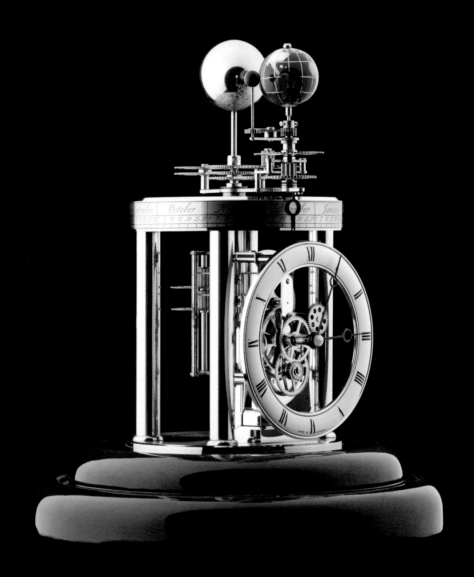

赫姆勒天文钟
Hermle Tellurium Clock

现代
德国
高30厘米，底座直径21厘米
—
Contemporary era
Made in Germany
H. 300mm, Base Dia. 210mm

这台赫姆勒天文钟带有机械星相台，能准确演示月球、地球与太阳运行的位置。星相台下方的刻度盘有月、日的显示，在同步地球公转的同时，会显示对应的月份日期。

钟盘为白色配黑色罗马数字，蓝色宝玑风格指针。配圆形穹顶式玻璃罩，方便观察。底座背面镌刻有设计师的名字（Richard Hermle design）。

莫拉钟
Mora Clock

1828年
瑞典
长55厘米，宽26厘米，高210.5厘米
—
1828
Made in Sweden
L. 550mm, W. 260mm, H. 2105mm

莫拉钟属于长箱钟的一种，以其发源地瑞典拉达纳省的莫拉镇命名。莫拉钟的生产后来扩展到达拉纳省全境，每个地区都有自己的风格。在瑞典的某些地区有在结婚当天送给新娘钟表的传统，这些"新娘"钟装饰精美，外型具有明显的女性化感觉，这也是莫拉钟最具标志性和识别度的元素之一。

通常莫拉钟的外壳会涂成乳白、灰色或淡蓝色，因为在瑞典漫长的冬夜中，这些颜色可以更好地反射室内的烛光。机芯的各个零件上有明显的手工痕迹，一般为整点和半点报时。

鎏金是一种在金属表面加上金层的装饰工艺，较镀金更耐用、厚实。鎏金工艺法是将金溶于水银之中形成金汞剂，涂于铜或银表面加温，使水银蒸发，金就附在器物表面上，用玛瑙或玉石制成的工具沿器物表面进行按压，使金层致密结合牢固，表面出现光泽。

RAINGO FRÈRES
铜胎鎏金雕塑壁炉钟
Raingo Frères Ormolu Mantel Clock with Sculptures

1900年
法国
长22.5厘米，宽10.5厘米，高42.5厘米
—
1900
Made in France
L. 225mm, W. 105mm, H. 425mm

蒂芙尼洛可可风格座钟
Tiffany & Co. Rococo Table Clock

近代
美国
长28.5厘米，宽13.4厘米，高35厘米
—
Late modern era
Made in USA
L. 285mm, W. 134mm, H. 350mm

洛可可（Rococo）一词源自法语 Rocaille（法国宫廷花园中用卵石、贝壳和灰泥营造假山洞窟的装饰手法），是指法国国王路易十五统治时期（1715—1774）所崇尚的艺术。在造型上主要由凸起的贝壳纹样曲线和莨苕叶呈现出的锯齿状相结合，C 形、S 形和涡旋状曲线纹饰蜿蜒反复，创造出一种非对称的、富有动感的、自由奔放而又纤细、轻巧、华丽繁复的装饰样式，影响及于 18 世纪的欧洲各国。

大理石铜框鎏金四明钟
Marble Four Glass Clock with Ormolu Frame

1855年
法国
长17.3厘米，宽12.8厘米，高34.7厘米
—
1855
Made in France
L. 173mm, W. 128mm, H. 347mm

19 世纪后期法国制作白色大理石廊柱座钟，采用帝国风格的鎏金雕塑装饰。帝国风格(Empire style)，又称帝政风格、帝政式，指的是 19 世纪早期流行的建筑、家具、装饰艺术和视觉艺术的设计风格，大量使用白色和金色，在一定程度上影响了后世欧美人的审美。该风格上接新古典主义，下启新艺术风格。

帝国风格最先出现于法国领事馆的改装中，并且随着法兰西第一帝国的扩张在 1800—1815 年间扩展至欧洲和美国。

W&H 哥特式
布尔镶嵌自鸣钟
W&H Gothic Chiming Clock with Boulle Marquetry

1900年
德国
长41厘米，宽42厘米；高81厘米
—
1900
Made in Germany
L. 410mm, W. 420mm, H. 810mm

这台钟为哥特式风格建筑造型，采用布尔镶嵌工艺，以不同色系的桃花芯木镶嵌装饰。布尔镶嵌工艺以法国路易十四时期著名家具大师安德烈·查尔斯·布尔（André Charles Boulle）命名，其以在家具表面复杂、精湛的拼镶工艺见长，材质通常会选用贵重木材、宝石、玳瑁、象牙、贝壳、金属、大理石等。

仕女雕塑时区钟
Time Zone Clock with Figure of Lady

1940年
美国
长15.5厘米，宽7厘米，高24.5厘米
—
1940
Made in USA
L. 155mm, W. 70mm, H. 245mm

此钟采用新艺术运动装饰风格。新艺术运动（Art Nouveau）发源于 19 世纪 80 年代，1890—1910 年间达到顶峰，继承了英国艺术与手工艺运动的思想和理念，试图复兴设计的优秀传统，以自然主义的风格开设计新鲜气息的先河。其特征是从大自然中汲取灵活多变的图案和造型，强调手工制作的价值，富有动感的曲线植物、花朵和昆虫成为最鲜明的装饰符号。

皮夹钟
Wallet Clock

1900年
美国
高13.3厘米，宽7厘米，厚1.1厘米
—
1900
Made in USA
H. 133mm, W. 70mm, D. 11mm

皮夹钟是一种便携式时钟，通常将小型时钟嵌于可折叠的皮夹表面，具有便携、耐用且易读的特点。因其精致的设计和实用性，在当时常被作为礼品用于馈赠。

ODYV 瓷壳三件套座钟
ODYV Ceramic Table Clock Sets

1930年
法国
长56.5厘米，宽7厘米，高20厘米
—
1930
Made in France
L. 565mm, W. 70mm, H. 200mm

20 世纪二三十年代，法国钟表生产商 Berlot & Mussier 生产了近百种深受装饰艺术风格（Art Deco）影响的钟表型号，取名为 ODYV。此类产品曾于 1925 年参加巴黎国际装饰艺术博览会。这种基于形状简化和几何化的装饰艺术风格在 20 世纪 30 年代非常风靡，使 ODYV 获得巨大成功。

羚羊雕塑台钟
Table Clock with Sculpture of Antelope

1930年
英国
长30.6厘米，宽6厘米，高17.4厘米
—
1930
Made in UK
L. 306mm, W. 60mm, H. 174mm

　　装饰艺术风格最早出现在第一次世界大战前的法国，但在 1925—1940 年间才得以充分体现。与任何设计风格一样，装饰艺术风格也融入了艺术史的连续性，它为前身和后继者提供了借鉴。工艺美术运动、立体主义和维也纳分离派都影响了它的起源，而装饰艺术又为第二次世界大战后的现代运动铺平了道路。

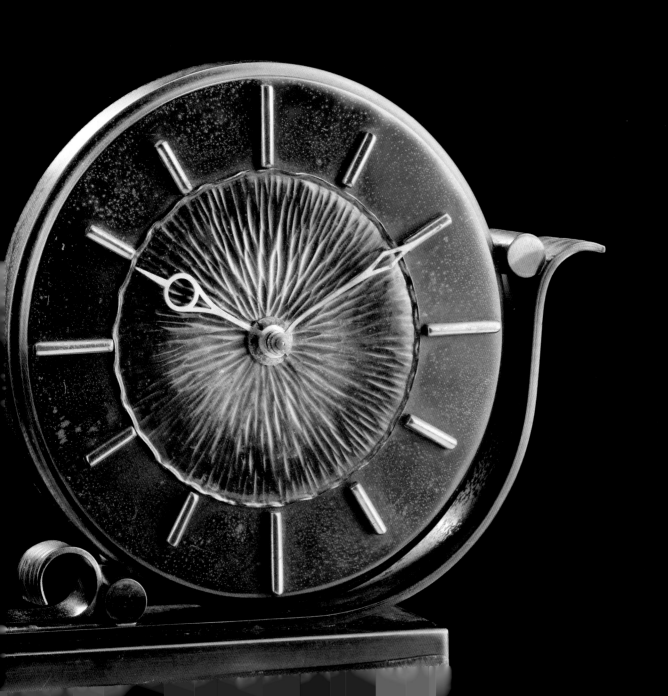

BLESSING 机械闹钟
Blessing Mechanical Alarm Clock

1970年
德国
直径11.8厘米，高21.2厘米
—
1970
Made in Germany
Dia. 118mm, H. 212mm

　　"太空时代"艺术风格，是一种在20世纪中期兴起的设计和艺术潮流。这种风格受到当时太空探索和科技进步的影响，反映了人们对未来、科技和宇宙的憧憬和想象。这种艺术风格通常都充满科技感和未来感，多以宇宙飞船、太空服、机器人和高科技城市为主题。外形以流线型光滑的表面和简洁的线条为典型特征，大多使用圆、椭圆等几何形状和抛物线形等有机形态。在材料和色彩方面，经常使用塑料、金属及复合材料，并配以明亮的白色、橙色、红色和其他鲜艳的颜色，以创造一种充满活力和动感的效果。

精工 SD-505 数字钟
SEIKO SD-505 Digital Clock

1974年
日本
长13.5厘米，宽12厘米，高13厘米
—
1974
Made in Japan
L. 135mm, W. 120mm, H. 130mm

赫姆勒 TIMESTYLE 系列石英挂钟
Hermle Timestyle Series Quartz Wall Clock

1980年
德国
长19.5厘米，宽3.5厘米，高59.7厘米

1980
Made in Germany
L. 195mm, W. 35mm, H. 597mm

　　孟菲斯艺术风格是 20 世纪 80 年代由意
大利的孟菲斯设计集团（Memphis Group）
开创的。这种风格打破了传统设计的规范，具
有鲜明的个性化特征，结合了大胆的色彩、几
何形状和丰富的装饰元素。它不仅在设计界引
起了轰动，也对后来的艺术、时尚和流行文化
产生了深远影响。

NEOGGETTI 艺术钟
Neoggetti Art Clock

现代
意大利
长29厘米，宽10厘米，高42.3厘米
—
Contemporary era
Made in Italy
L. 290mm, W. 100mm, H. 423mm

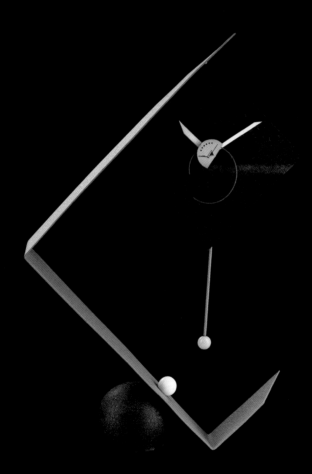

骨瓷于 1794 年由英国人威廉·华尔森发明，因在黏土中加入牛、羊骨粉而得名。一般而言，原料中含有 25% 骨粉的瓷器可称为骨瓷，国际公认骨粉含量要高于 40% 以上，质地最好的骨瓷一般含有 51% 的优质牛骨粉。骨瓷色泽呈天然骨粉独有的自然奶白色，瓷质细腻温润，透光性强。

JAPY FRÈRES 骨瓷四童雕塑自鸣钟
Japy Frères Bone China Clocks with Four Figures of Children

1890年
法国
长26厘米，宽25厘米，高39厘米
—
1890
Made in France
L. 260mm, W. 250mm, H. 390mm

巴卡拉水晶花瓶钟
Baccarat Crystal Vase-shaped Clock

1955年
法国
长18厘米，宽16厘米，高39厘米
—
1955
Made in France
L. 180mm, W. 160mm, H. 390mm

巴卡拉（Baccarat）水晶于 1824 年诞生，华丽辉煌的光芒赢得了世界各国王侯贵族们的青睐，被誉为"王侯们的水晶"，也是法国文化最具代表性的名牌产品。比利时特选专供的精细幼沙是巴卡拉水晶的重要原料，是其无可匹敌的密度及非比寻常的光芒的奥秘所在。

BECHOT 铜鎏金水晶座钟
Bechot Ormolu Crystal Table Clock

近代
法国
长16厘米，宽14厘米，高34厘米
—
Late modern era
Made in France
L. 160mm, W. 140mm, H. 340mm

JAPY FRÈRES 掐丝珐琅装饰钟
Japy Frères Cloisonne Table Clock

近代
法国
长19.3厘米，宽11.2厘米，高35.3厘米
—
Late modern era
Made in France
L. 193mm, W. 112mm, H. 353mm

　　铜胎掐丝珐琅工艺，我国称景泰蓝，是一种在铜质的胎型上，用柔软的扁铜丝，掐成各种花纹焊上，然后把珐琅质的色釉填充在花纹内烧制而成的器物。这种工艺也被大量应用于机械钟外壳的制作当中。

19 世纪初期，德国南部和瑞士出现了木雕业。人们认为，这些地区木雕业的兴起是因为一场严重的干旱和饥荒，导致该地区迫切需要寻找新的收入来源。德国黑森林木雕以其精湛的工艺闻名于世，其作品设计复杂，雕琢精致，质量上乘，深受装饰艺术品收藏家的青睐。

黑森林斑鸠木刻自鸣钟
Schwarzwald Wooden Chiming Clock Engraved with Turtledoves

近代
德国
长44.6厘米，宽17.7厘米，高54厘米
—
Late modern era
Made in Germany
L. 446mm, W. 177mm, H. 540mm

是自怀德所造"钟表"系列的第五款型号，表盘的形状由圆形转为方形，使谜题变得更加复杂。

TALOR 女神扭摆神秘钟
Talor Godess Mystery Clock with Torsion Pendulum

近代
英国
长20.8厘米，宽20.5厘米，高72厘米
—
Late modern era
Made in UK
L. 208mm, W. 205mm, H. 720mm

女神雕塑手捧时钟矗立于基座上，黑色大理石基座配青铜兽脚，珐琅钟面配以矛形指针。该钟的神秘之处在于扭摆看上去与上方的时钟并没有动力联系，但钟摆却能够不停地缓慢扭动，令人百思不解。

杰弗逊"黄金时光"电钟
Jefferson Golden Hour Clock

现代
美国
长18.7厘米，宽11.5厘米，高22.5厘米
—
Contemporary era
Made in USA
L. 187mm, W. 115mm, H. 225mm

黄金时光是美国 Jefferson 公司的产品，装饰艺术风格的金色外壳，两根指针似乎悬浮在钟面上，如梦似幻。钟面玻璃外围黏附着一个巨大的齿轮，外框挡住了齿轮边缘使其不可见，而分针通过紧固件以摩擦力紧密地附着在玻璃上，底部电机输出齿轮有 27 个齿，以 1/6 rpm 的速度旋转并带动 270 齿的钟面玻璃旋转，分针随之按所需的 1/60 rpm 的速度转动，进而通过背后的齿轮系带动时针。

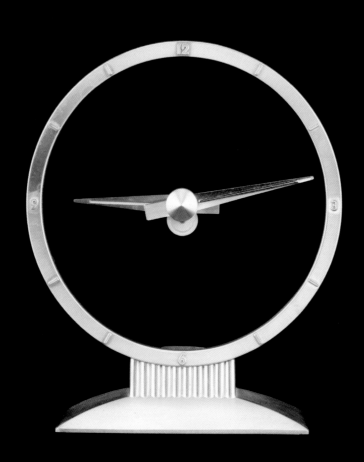

南京钟
Nanking (Nanjing) Clock

近代
中国
长27.7厘米，宽23.5厘米，高40.3厘米

—

Late modern era
Made in China
L. 277mm, W. 235mm, H. 403mm

—

南京钟，又称苏钟，是清代苏州及其周边地区所制钟表的简称。从零件到机芯及外壳，全部由手工制造而成，是我国钟表史上的早期产品。清同治年间，苏钟的外壳上为长方形的木制机箱，下为花式木制底座，上下可灵活拆装，俗称两托。到了光绪年间，一些工匠又吸收了中国传统插屏的造型，把钟表机箱上部改造为屏芯，机箱中插入屏架，下部则改造为花底座，俗称为三托，至此苏钟的造型基本确定，因这种钟的外壳造型仿造中国传统的插屏模样，又有"插屏钟"之名。此展品为创建于1920年的扬州裕泰祥茶栈定制款，钟面刻有"裕泰祥"字样。

南京钟机芯及局部

三五牌双眼自鸣座钟解剖结构
Mechanical Structures of *Sanwu* Chiming Clock with Two Winding Holes

1959年
中国
长30.5厘米，宽11厘米，高22厘米
—
1959
Made in China
L. 305mm, W. 110mm, H. 220mm

三五牌时钟诞生于20世纪40年代。由天津来沪投资的大纶绸布庄经理毛式唐等人于1940年创立的中国钟表制造厂出品。当时的国产时钟，大多只能连续走上7天。经过反复试验、不断改进，制造出上一次发条可以连续走上15天的台钟。为了突出这一性能特点，最终决定采用三个"5"作为产品商标，定名为三五牌15天时钟。三五牌时钟一经问世即广受欢迎，迅速成为我国民族工业产品中的佼佼者。

1915 年，民族实业家李东山先生在烟台创办"烟台宝时造钟厂"，后改名"德顺兴"。早期以仿制研究日本钟为主，1918 年生产出第一批机械座钟，注册商标"宝"字。20 年代初，抵制洋货的爱国运动在全国兴起，"宝时"不失时机地打出"国货"牌——每台钟都标注有"请用国货"字样。1928 年，抵制日货，提倡国货的运动达到高潮，"宝"字钟在胶东和东北市场终将盘踞本地几十年的日本品牌挤出市场。

宝字牌座钟（琴棋书画）
Bao Table Clock Decorated with the Four Arts of China

1930年
中国烟台
长27.8厘米，宽12厘米，高43.2厘米
—
1930
Made in Yantai, China
L. 278mm, W. 120mm, H. 432mm

註冊商標

（請）（用）

（國）（貨）

本廠經理李東山抱實業救國挽回利權之素志以時鐘一
項漏卮極鉅乃潛心研究歷盡艱苦始告成功於民國四年
創設製鐘工廠於烟台朝陽街之東巷專製新式坐鐘掛鐘
準走八日時辰確切機件裝潢無不精美絕倫出品自供獻
社會以來將及廿載蒙愛國諸公極力提倡行銷普遍全國
及南洋等處爲中國製造時鐘之先導者首開國產時鐘之
紀元迭向京省各市展覽會展覽得到若許之獎章獎憑其
評語有完全國貨北洋造鐘創始第一家等語(敝廠感激之
餘奮勉有加對於製品精益求精以期抵盡舶來對於定價
取乎低廉以答愛護國貨者之熱誠如蒙
光顧請認明 ☆寶字商標庶不致誤

山東烟台德順興造鐘工廠謹啓

迷你钟一组
Miniature Clocks

现代
—
Contemporary era

迷你时钟深得各个年龄层次人群的喜爱，这组迷你时钟由大来时间博物馆精选，来自世界各地，设计新颖，造型各异。

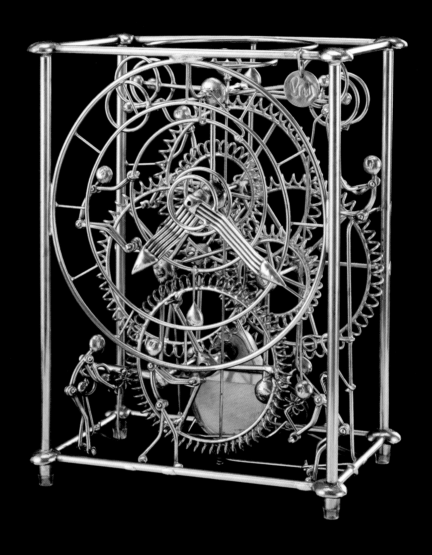

六人钟
The Six Man Clock

现代
美国
长18.5厘米，宽11.8厘米，高24厘米
—
Contemporary era
Made in USA
L. 185mm, W. 118mm, H. 240mm

美国发明家、艺术家戈登·布拉特（Gordon Bradt）于 1972 年创立了 Kinetico Studios，生产了大量自动机械体育人偶，并于 1982 年获得了六人钟的专利。六人钟为全手工制作，钟体使用黄铜丝扭曲、融化、焊接而成，配以 110V、4rpm 同步电机。上有六个动作迥异的小人，推拉各种杠杆和曲柄，似乎正在推动着时钟。

THE
SOUND
OF
TIME

听见时间

音乐可以加速、延缓、弯曲和渲染我们对时间流逝
的感觉⋯⋯这其中蕴含着深刻的意义：音乐把时间连接起来，
让我们听到时间的模式和组织。
——乔纳森·波尔斯

"听见时间"的奇妙旅程中，音乐与时间交织成一幅幅动人的画卷。作为时间的信使，机械音乐穿越时空的壁垒，让昔日的乐章重现耳畔。音乐这门"时间的艺术"，以其独特的方式，在跃动的音符中让我们聆听时间的声音，在起伏的波形间让我们感知时间的流逝，在和谐的音律中藏着时间与音乐的秘密。

Music can accelerate, decelerate, bend, and enhance our perception of time⋯⋯ This contains profound meaning: music connects time, allowing us to hear the patterns and organization of time.
——Jonathan Powles

In the wonderful journey of "The Sound of Time", music and time intertwine to create touching scenes. As the messenger of time, mechanical music breaks the barriers of time and space, bringing back the melodies of the past. Music, the "art of time", enables us to hear the time in the dancing notes, feel the passage of time in the undulating waveforms, and discover the secrets of time and music in harmonious melodies.

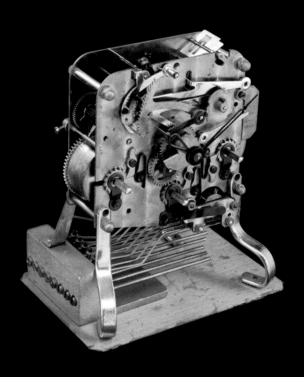

莎茨八簧自鸣台钟机芯
Movement of Schatz 8 Gongs Musical Clock

近代
德国
长18厘米，宽2厘米，高26.5厘米
—
Late modern era
Made in Germany
L. 180mm, W. 20mm, H. 265mm

早期钟表使用铃作为报时机构的发声部件，后又使用音簧，音簧可以大幅降低钟表的体积，成本也较为经济。音簧通常是由钢或磷青铜制成的金属实心杆，尾端用铸铁底座牢固地固定在钟体内部，钟体起到了共鸣箱的作用，使钟声更浑厚响亮。

二十铃议会座钟机芯及外壳
Movement and Wooden Case of 20 Bells Musical Clock

1850年
英国
长46厘米，宽31厘米，高85厘米
—
1850
Made in UK
L. 460mm, W. 310mm, H. 850mm

这是一台英国的大型座钟，它的外壳稳重大气，继承了英国钟一贯的风格，四尖顶造型，四周装饰科林斯柱，左右安装有圆环方便搬运。

这台钟使用铃声奏乐来报时，一般有八铃的已经属于高档座钟，而有 20 个铃的存世极少。旋转音筒后上面的突出点拨动击锤击打出铃声，通过拨动上方的指针可以切换七种不同的乐曲。这种结构来自八音盒，这也说明了机械钟与八音盒的渊源关系。

筒式手摇风琴

Barrel Organ

1890年
英国
长46厘米，宽38厘米，高31.6厘米
——
1890
Made in UK
L. 460mm, W. 380mm, H. 316 mm

这种滚筒风琴由位于美国纽约州伊萨卡的Autophone公司于1885—1899年间制造，配有20个簧片，音域涵盖20个音阶。通常滚筒风琴都使用一种带有金属销钉的木质滚筒，这种滚筒也被称为玉米芯（Cob）。摇动曲柄驱动滚筒转动并带动真空波纹管，当滚筒上的某个销钉与气阀铰链接触时会使气阀上升，使空气进入簧片室，发出对应音符的声响，随着手柄的不断摇动，这一机制周而复始进而组成一首完整的乐曲。每一个木质滚筒都可记录一首乐曲，可通过更换滚筒来更换演奏曲目。

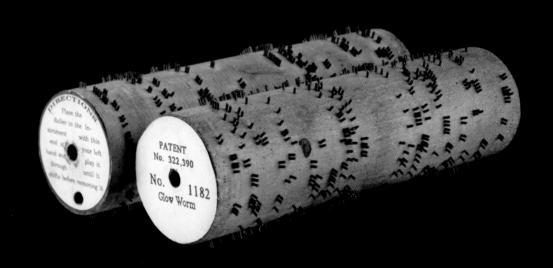

NICOLE FRÈRES
八曲滚筒式八音盒
Nicole Frères Music Box with Replaceable Barrels

1880年
瑞士
长98厘米，宽36厘米，高24.3厘米
—
1880
Made in Switzerland
L. 980mm, W. 360mm, H. 243mm

采用音梳发音机制的滚筒式八音盒通过一系列金属梳齿的拨动来产生音符。每个音梳齿都与一个特定音符相关联。音梳齿的长度决定了发出的音符音高，较长的梳齿发出较低的音符，较短的梳齿发出较高的音符。

卡利俄珀碟式带铃八音盒
Kalliope Bell Disc Music Box

1905年
德国
长76厘米，宽42厘米，高194厘米
—
1905
Made in Germany
L. 760mm, W. 420mm, H. 1940mm

碟片式八音盒使用金属碟片作为演奏媒介，通过投币操作来触发自动演奏音乐，其工作原理是基于编码的机械系统。当金属碟片被放入音乐盒中并启动时，机械装置会读取预存在碟片上的编码（金属突起），从而控制发声机构的动作，产生音符和音乐。这种八音盒在19世纪末到20世纪初非常流行。

施坦威立式自动钢琴，将传统工艺与创新科技完美融合，是音乐与机械的杰出典范。这台自动钢琴可使用 Aeolian 和 Duo Art 两种制式纸卷自动演奏，通过精密的机械系统，将穿孔音乐卷转化为悦耳的钢琴琴音。当人们踩动踏板时，系统将启动齿轮和气动装置，机械的精准性与音乐的情感表达得以完美融合，呈现出犹如钢琴大师现场演奏般的精彩演出。

施坦威立式自动钢琴
Steinway & Sons Pianola

20世纪初
德国
长163厘米，宽78厘米，高134厘米

—

Early 20th Century
Made in Germany
L. 1630mm, W. 780mm, H. 1340mm

爱迪生弹簧马达留声机及音筒
Edison Spring Motor Phonograph and 2-Minute Cylinder

1895年
美国
长42厘米，宽26.5厘米，高37厘米
—
1895
Made in USA
L. 420mm, W. 265mm, H. 370 mm

爱迪生早期留声机使用液体电池，无法提供持久稳定的动力，弹簧马达的出现解决了这个问题。早期的弹簧驱动技术并不适合留声机使用，最终由托马斯·爱迪生公司（Thomas A. Edison Inc.）的员工弗兰克·卡普斯（Frank Capps）于1895年为弹簧马达申请了专利，并于同年应用在这款型号的留声机中。

该留声机的全包围式外壳由浅色橡木制成，机身右前方有一个配件抽屉。动力系统采用三弹簧，一次上弦足以播放14—16枚音筒。使用爱迪生Model B或Model C 唱头，只能播放早期的二分钟音筒。

爱迪生音乐会系列
音筒留声机及音筒
Edison "Concert" Phonograph and 5-Inch Cylinder

1899年
美国
长42厘米，宽30厘米，高44.5厘米
—
1899
Made in USA
L. 420mm, W. 300mm, H. 445 mm

1898 年，哥伦比亚留声机公司推出了一种全新的音筒格式——5 英寸音筒。自 19 世纪 80 年代末以来，标准的 2¼ 尺寸的音筒一直被广泛使用，但这些褐色蜡质音筒的音质通常都模糊不清，需要使用听音管才能分辨。5 英寸音筒通过录音时更深的切口，更高的速度（144 rpm—160 rpm）来提高音量。1902 年随着爱迪生金属模音筒的推出，音量问题得到解决，"音乐会"系列逐步停产。

爱迪生歌剧系列音筒留声机及音筒
Edison "Opera" Phonograph and Cylinder

1911年
美国
长50厘米，宽50厘米，高92厘米
—
1911
Made in USA
L. 500mm, W. 500mm, H. 920mm

托马斯·爱迪生公司于1912年前后生产的歌剧系列滚筒式留声机，配有典型的天鹅颈型木喇叭。这台留声机使用双弹簧马达，上足一次发条可以播放2—3枚唱筒。区别于先前型号留声机唱筒在固定位置转动，唱头左右移动的方式，歌剧系列的唱头位置是固定的，播放时唱筒旋转并平移。

录音功能是音筒式留声机与唱盘式留声机的不同之处，这也是音筒式留声机的一个卖点。早期音筒留声机大多配有录音头及小型的蜡筒抹除配件供重复录音之用，但在实际应用中由于各种技术原因很难达到预期的效果，尝试这个功能的人也寥寥无几，所以 1908 年后爱迪生音筒式留声机的家庭娱乐型号都移除了这些配件。

这台手动的泛用型蜡筒刮削器，主要对 6 英寸的商用蜡筒进行抹除作业。

爱迪生 UNIVERSAL 系列声桶抹除器

Edison "Universal" Cylinder Shaver

1908年
美国
长49厘米，宽27厘米，高31厘米
—
1908
Made in USA
L. 490mm, W. 270mm, H. 310mm

爱迪生 A-100 立式机柜留声机
Edison A-100 Moderne Disk Phonograph

1915
美国
长46.5厘米，宽54厘米，高106厘米
—
1915
Made in USA
L. 465mm, W. 540mm, H. 1060mm

　　爱迪生 A-100 立式机柜留声机配备单弹簧马达、一支用于播放普通钻石唱片的唱头，并在喇叭上集成了静音球可用于调节音量。

爱迪生 IU-19 留声机

Edison IU-19 Phonograph

1919年
美国
长112厘米，宽57.5厘米，高102厘米
—
1919
Made in USA
L. 1120mm, W. 575mm, H. 1020mm

该留声机柜体为胡桃木，仿意大利餐柜式样，前面板配有洛可可图案的格栅护网。内设双弹簧马达，配备 No. 250 型喇叭。机柜左侧收纳盒可以放置 36 张唱片，可播放普通钻石唱片及 Long playing 型钻石唱片。

爱迪生 EDISONIC 系列贝多芬型留声机
Edison Beethoven Edisonic Disk Phonograph

1927年
美国
长90.5厘米，宽53.5厘米，高112.5厘米
—
1927
Made in USA
L. 905mm, W. 535mm, H. 1125mm

　　1927 年 8 月，爱迪生公司为了与以维克多为代表的新式圆盘式唱机竞争，对其产品线进行了彻底重组，停产了几乎所有的钻石唱片留声机，并于同年 9 月推出了两款新型留声机。其中较小的一款被称为舒伯特，较大的一款被称为贝多芬。这两款留声机都配备了全新生产的 "新标准" 唱头，后来更名为"爱迪生唱头"。公司的意图是让公众将此系列视为一个专门设计的全新产品，但在某些方面，Edisonic 只是一种临时解决方案，其目的是让爱迪生在开发和销售全电动无线电留声机系列之前继续在市场上立足。

维克多 VV 8-30 留声机
Victor VV 8-30 Gramophone

1926年
美国
长77厘米，宽56厘米，高117厘米
—
1926
Made in USA
L. 770mm, W. 560mm, H. 1170mm

　　VV 8-30，又称 Credenza 系列，是维克多留声机公司（Victor Talking Machine Co.）在 1925 年推出的四款首发 Orthophonic 型号中的第一款，代表了 20 世纪 20 年代中期音频复制的巅峰。它提供的音质远胜于早期的任何一款 Victrola 型号。作为一款旗舰产品，该款产品采用了维克多公司当时生产的最大的折叠式内置喇叭，以及改进过的四弹簧马达、镀金硬件、空气阻尼箱盖关闭系统和全自动转盘关闭系统。全新设计的 Orthophonic 箱体的许多关键设计参数都使用了第一次世界大战期间为通信目的开发的先进数学公式，并进行了优化。通过在音箱中使用滚珠轴承唱针支撑系统来提高唱针的顺应性（响应性），并增加磁铁以改善对准并确保稳定性。这减少了唱片的磨损，并改善了低频响应。此外，音箱振膜由褶皱铝制成，增加了振膜的硬度，改善了整体性能特征，减少了旧式云母振膜设计中固有的非线性因素导致的失真。但最重要的是，在内置喇叭设计中应用了声学阻抗匹配方程，大大增加了收听音量，拓宽了留声机的频率响应。

KLINGSOR 弦共振留声机

Klingsor Gramophone with String Resonator

1920年
德国
长40厘米，宽36厘米，高82厘米
—
1920
Made in Germany
L. 400mm, W. 360mm, H. 820mm

1907年，德国工程师海因里希·克伦克
（Heinrich Klenk）发明了弦共振留声机，并于
次年9月22日申请专利（专利号No.899491）。这
款留声机通过在内置喇叭前放置一个由不同粗
细的可调谐琴弦组成的竖琴来放大钢琴和小提
琴的声音，从而提高设备的性能，并改善了其
他声音的再现。

PATHÉPHONE REFLEX COQ
系列留声机
Pathéphone Reflex COQ Gramophone

1912年
法国
长45厘米，宽44.5厘米，高44厘米
—
1912
Made in France
L. 450mm, W. 445mm, H. 440mm

这种留声机的声音放大器采用特殊的反向漏斗设计，声音被音臂集中到抛物面的顶端聚集。留声机可播放垂直切割的唱片，与同一时代的爱迪生留声机设计类似。

THE RESONATOR 留声机
The Resonator Gramophone

1925年
澳大利亚
长48厘米，宽48.1厘米，高77.5厘米（关闭状态）
—
1925
Made in Australia
L. 480mm, W. 481mm, H. 775mm (When Closed)

　　澳大利亚发明家克劳德·赫德森·戴维斯
（Claude Hudson Davis）于 20 世纪 20 年代发
明了一项留声机新技术。这项技术的独特之处在
于把唱针直接连接在用昆士兰枫木制作的浅锥形
喇叭上，省略了传统留声机所需的音臂和拾音器。
在英国皇家科学院公开展示时，广大听众一致认
为相较于使用传统拾音器的留声机，这款留声机
的音质更好。

HMV450 褶皱纸振膜留声机
HMV450 Pleated Diaphragm Gramophone

1925年
英国
长55.8厘米，宽55.5厘米，高38厘米
—
1925
Made in UK
L. 558mm, W. 555mm, H. 380mm

1925 年初，英国公司 His Master's Voice
（HMV）生产制作了 HMV460 型褶皱纸振膜
留声机，它使用褶皱纸振膜而不是传统的喇
叭。褶皱纸振膜由法国工程师路易斯 · 卢米
尔（M. Louis Lumiere）发明，并于 1909 年
申请专利。这一技术可以不使用唱臂和唱头，
理论上可以降低生产流程和成本。然而缺点
也是显而易见的，纸膜振动产生的声音没有
喇叭有指向性，同时纸膜也很脆弱，容易损坏。
HM450 型是 HMV 公司专为比利时和法国市
场定制的型号。

尼帕狗摆件
Nipper Dog Statue

1930年
美国
长22厘米，宽9厘米，高15厘米
—
1930
Made in USA
L. 220mm, W. 90mm, H. 150mm

一只小狗看着留声机的标志性组合是世界最著名的商标之一，它源自英国画家弗朗西斯·巴罗（Francis Barraud）在1898年创作的画作《它主人的声音》（*His Master's Voice*）。原画描绘的是爱迪生音筒留声机，后被修改为唱盘式留声机，喇叭也从黑色改为金色。

这个形象被多家唱片公司及其相关公司品牌使用，包括柏林纳留声机公司、德意志留声机公司、胜利留声机公司、Zonophone留声机有限公司及其继任者EMI和HMV、Electrola和日本JVC等。这一形象最终发展成为流传百年、拥有全球粉丝群的超级IP。

1922年，弗朗西斯·巴罗与其所作的其中一幅 *His Master's Voice*

双眼自鸣挂钟
Chiming Clock with Two Winding Holes

P44

P45

布勒钟
Bulle Clock

P47

尤里卡电钟
Eureka Electric Clock

P48

积家空气钟
ATMOS Clock Made by Jaeger-LeCoultre

P50

Gents C7 电磁同步时钟系统
C7 "Pul-syn-etic" System of Electric Impulse
Clocks Made by Gents' of Leicester

P54

SELF WINDING 同步子钟
Self Winding Slave Clock

P57

骨架座钟
Skeleton Clock with Anchor Escapement

P59

W. F. EVANS & SONS 塔钟机芯
Movement of a Turret Clock
Made by W. F. Evans & Sons

P61

法科特小天使秋千钟
Swinging Angel Mantel Clock
Made by Farcot

P62

大三轮骨架钟
Skeleton Clock with Three Gears

P63

安索尼娅瓷壳钟
Ansonia Clock with Ceramic Case

P64

复式擒纵机构模型
Duplex Escapement Model

P65

杠杆式擒纵机构模型
Lever Escapement Model

P66

GALOPPE 大理石廊柱奖杯自鸣钟
Galoppe Marble Chiming Clock
with Trophy and Columns

P67

马丁·巴斯克特玫瑰木廊柱壁炉钟
Martin Baskett Rosewood Mantel Clock
with Columns

P68

四明水银摆奖杯自鸣钟
Four Glass Chiming Clock
with Mercury Pendulum and Trophy

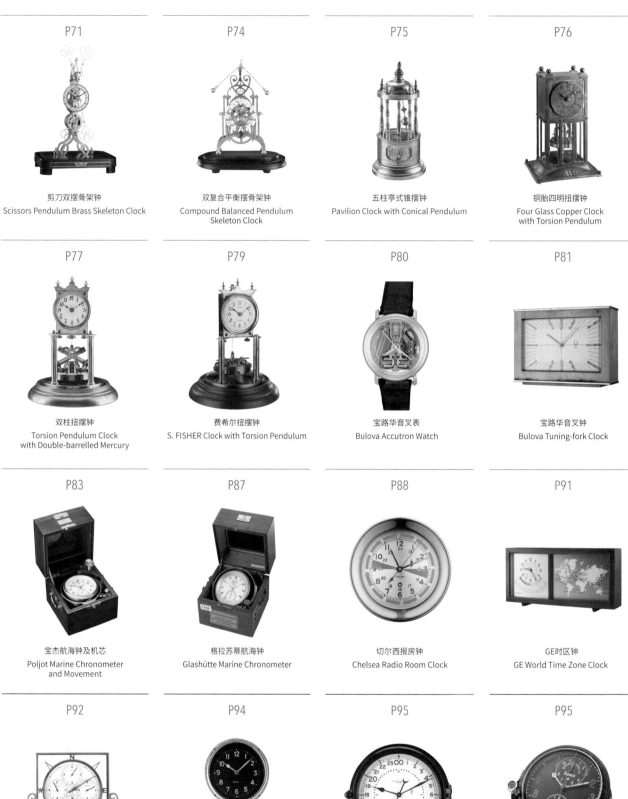

P71
剪刀双摆骨架钟
Scissors Pendulum Brass Skeleton Clock

P74
双复合平衡摆骨架钟
Compound Balanced Pendulum
Skeleton Clock

P75
五柱亭式锥摆钟
Pavilion Clock with Conical Pendulum

P76
铜胎四明扭摆钟
Four Glass Copper Clock
with Torsion Pendulum

P77
双柱扭摆钟
Torsion Pendulum Clock
with Double-barrelled Mercury

P79
费希尔扭摆钟
S. FISHER Clock with Torsion Pendulum

P80
宝路华音叉表
Bulova Accutron Watch

P81
宝路华音叉钟
Bulova Tuning-fork Clock

P83
宝杰航海钟及机芯
Poljot Marine Chronometer
and Movement

P87
格拉苏蒂航海钟
Glashütte Marine Chronometer

P88
切尔西报房钟
Chelsea Radio Room Clock

P91
GE时区钟
GE World Time Zone Clock

P92
REMEMBRANCE美国时区钟
Remembrance US Time Zone Clock

P94
积家汽车钟
Jaeger-LeCoultre Car Clock

P95
切尔西船钟
Chelsea U.S. Government Ship's Clock

P95
飞机专用钟
Aviation Clock

P96

发廊专用挂钟
Barber Shop Clock

P97

欧米茄暗房钟
Omega Pro-Lab Timer

P98

保险投币钟
Time Savings Clock

P101

纸卡考勤钟
Punch Card Time Clock

P102

三钻牌篮球比赛计时钟
Sanzuan Stop Clock for Basketball Match

P103

JERGER 奥林匹亚款国际象棋计时器
Jerger Chess Clock "Olympia"

P105

S.T.B 赛鸽钟
S.T.B Pigeon Racing Clock

P106

铜镂花马车钟
Brass Carriage Clock
with Engraved Flowers

P107

两问马车钟
Repeater Carriage Clock

P108

赫姆勒天文钟
Hermle Tellurium Clock

P112

莫拉钟
Mora Clock

P113

RAINGO FRÈRES 铜胎鎏金雕塑壁炉钟
Raingo Frères Ormolu Mantel Clock
with Sculptures

P114

蒂芙尼洛可可风格座钟
Tiffany & Co. Rococo Table Clock

P116

大理石铜框鎏金四明钟
Marble Four Glass Clock
with Ormolu Frame

P117

W&H 哥特式布尔镶嵌自鸣钟
W&H Gothic Chiming Clock
with Boulle Marquetry

P119

仕女雕塑时区钟
Time Zone Clock with Figure of Lady

1 8 7

P119

皮夹钟
Wallet Clock

P121

ODYV 瓷壳三件套座钟
ODYV Ceramic Table Clock Sets

P122

羚羊雕塑台钟
Table Clock with Sculpture of Antelope

P124

BLESSING 机械闹钟
Blessing Mechanical Alarm Clock

P125

精工SD-505数字钟
SEIKO SD-505 Digital Clock

P126

赫姆勒TIMESTYLE系列石英挂钟
Hermle Timestyle Series Quartz Wall
Clock

P127

NEOGGETTI 艺术钟
Neoggetti Art Clock

P128

JAPY FRÈRES 骨瓷四童雕塑自鸣钟
Japy Frères Bone China Clocks
with Four Figures of Children

P129

巴卡拉水晶花瓶钟
Baccarat Crystal Vase-shaped Clock

P130

BECHOT 铜鎏金水晶座钟
Bechot Ormolu Crystal Table Clock

P133

JAPY FRÈRES 掐丝珐琅装饰钟
Japy Frères Cloisonne Table Clock

P134

黑森林斑鸠木刻自鸣钟
Schwarzwald Wooden Chiming Clock
Engraved with Turtledoves

P136

罗伯特·胡丁方面神秘钟
Square Mystery Clock
Made by Robert Houdin

P137

TALOR 女神扭摆神秘钟
Talor Godess Mystery Clock
with Torsion Pendulum

P138

杰弗逊"黄金时光"电钟
Jefferson Golden Hour Clock

P139

南京钟
Nanking (Nanjing) Clock

P143

三五牌双眼自鸣座钟解剖结构
Mechanical Structures of *Sanwu*
Chiming Clock with Two Winding Holes

P144

宝字牌座钟（琴棋书画）
Bao Table Clock Decorated
with the Four Arts of China

P146

迷你钟一组
Miniature Clocks

P148

六人钟
The Six Man Clock

P151

莎茨八簧自鸣台钟机芯
Movement of Schatz 8 Gongs
Musical Clock

P152

二十铃议会座钟机芯及外壳
Movement and Wooden Case of 20 Bells
Musical Clock

P155

筒式手摇风琴
Barrel Organ

P156

NICOLE FRÈRES 八曲滚筒式八音盒
Nicole Frères Music Box
with Replaceable Barrels

P158

卡利俄珀碟式带铃八音盒
Kalliope Bell Disc Music Box

P161

施坦威立式自动钢琴
Steinway & Sons Pianola

P162

爱迪生弹簧马达留声机及音筒
Edison Spring Motor Phonograph
and 2-Minute Cylinder Cyl

P164

爱迪生"音乐会"系列音筒留声机及音筒
Edison "Concert" Phonograph
and 5-Inch Cylinder

P166

爱迪生歌剧系列音筒留声机及音筒
Edison "Opera" Phonograph
and Cylinder

P168

爱迪生UNIVERSAL系列声桶抹除器
Edison "Universal" Cylinder Shaver

P169

爱迪生A-100立式机柜留声机
Edison A-100 Moderne Disk Phonograph

P171

爱迪生IU-19留声机
Edison IU-19 Phonograph

P172

爱迪生EDISONIC系列贝多芬型留声机

Edison Beethoven Edisonic
Disk Phonograph

P174

维克多VV 8-30留声机

Victor VV 8-30 Gramophone

P177

KLINGSOR 弦共振留声机

Klingsor Gramophone
with String Resonator

P178

PATHÉPHONE REFLEX COQ 系列留声机

Pathéphone Reflex COQ Gramophone

P179

THE RESONATOR 留声机

The Resonator Gramophone

P180

HMV450 褶皱纸振膜留声机

HMV450 Pleated Diaphragm Gramophone

P182

尼帕狗摆件

Nipper Dog Statue

时光音乐会

上海大来时间博物馆珍藏

编辑委员会

主任	杨振斌　丁奎岭
委员	张安胜　李大来　陈克伦　张　凯　万晓玲　李仲谋

图录项目组

主编	张安胜
副主编	张　凯　万晓玲　李大来
编委	李仲谋　王　燕　丁东锋

展览主办	上海交通大学
展览承办	上海交通大学档案文博管理中心
	上海交通大学博物馆
	上海大来时间博物馆

展览项目组

总策划	张　凯　李大来
学术顾问	陈克伦　任　杰
策展人	李仲谋　厉樱姿
展览统筹	丁东锋　王　燕　许　天　龚　青
展览设计	邬超慧　钟诸佷
展品诠释	龚　青　叶慧勇　万　强
展品摄影	龚　青
展品维护	龚　青　叶慧勇　万　强　陈守章　徐　俊
	陈富春　姜玉平　刘丽梅　林若曦
教育活动	徐　骞　张燕迪　丁　睿　李睿芝　胡焕芝　方　芳
合作交流	罗　莹　李　昀

图书在版编目（CIP）数据

时光音乐会 ： 上海大来时间博物馆珍藏 / 上海交通
大学博物馆编 ； 张安胜主编. -- 上海 ： 上海书画出版
社，2024. 9. -- ISBN 978-7-5479-3440-1

Ⅰ. TH714.511-64

中国国家版本馆CIP数据核字第2024X4J470号

时光音乐会
上海大来时间博物馆珍藏

上海交通大学博物馆　编　　张安胜　主编

责任编辑	王聪荟
装帧设计	陈绿竞
设计助理	雪　碧
技术编辑	包赛明

出版发行	上 海 世 纪 出 版 集 团 上海书画出版社
地址	上海市闵行区号景路159弄A座4楼
邮政编码	201101
网址	www.shshuhua.com
E-mail	shuhua@shshuhua.com
印刷	浙江海虹彩色印务有限公司
经销	各地新华书店
开本	889×1194　1/16
印张	12
版次	2024年9月第1版　2024年9月第1次印刷

书号	ISBN 978-7-5479-3440-1
定价	268.00元

若有印刷、装订质量问题，请与承印厂联系